中國天災問題

黃澤蒼◎著

山西出版傳媒集團
山西人民出版社

圖書在版編目(CIP)數據

中國天災問題 / 黃澤蒼著. －太原： 山西人民出版社，2014.12(2024.2重印)
(近代名家散佚學術著作叢刊 / 許嘉璐主編)
ISBN 978-7-203-08803-5

Ⅰ. ①中… Ⅱ. ①黃… Ⅲ. ①自然災害－歷史－研究－中國 Ⅳ. ①X432-092

中國版本圖書館CIP數據核字(2014)第234753號

中國天災問題

主　　編　許嘉璐
著　　者　黃澤蒼
責任編輯　梁晉華
助理編輯　張　潔

出 版 者　山西出版傳媒集團·山西人民出版社
地　　址　太原市建設南路21號
郵　　編　030012
發行營銷　0351-4922220　4955996　4956039　4922127(傳真)
天猫官網　https://sxrmcbs.tmall.com　電話　0351-4922159
E-mail　sxskcb@163.com　發行部
　　　　sxskcb@126.com　總編室
網　　址　www.sxskcb.com

經 銷 者　山西出版傳媒集團·山西人民出版社
承 印 廠　山西出版傳媒集團·山西新華印業有限公司

開　　本　700mm×970mm　1/16
印　　張　6.75
字　　數　56千字
版　　次　2014年12月　第一版
印　　次　2024年2月　第二次印刷
書　　號　ISBN 978-7-203-08803-5
定　　價　34.00圓

《近代名家散佚學術著作叢刊》編委會

總主編　許嘉璐

編委會　王紹培　王繼軍　許石林　李明君

汪高鑫　趙　勇　梁歸智　樊　綱

（按姓氏筆畫排序）

總策劃　越衆文化傳播·南兆旭

出版工作委員會

主　任　李廣潔

副主任　姚　軍　石凌虛

委　員　周　威　梁晉華　徐　勝　顔海琴

張文穎　秦繼華　馮靈芝　張　潔

設計總監　李尚斌

設計製作　王秀玲　何萬峰　歐陽樂天

出版說明

近代名家散佚學術著作叢刊選取一九四九年以後未再刊行之近代名家學術著作共一百二十册，編例如次：

一、本叢書遴選之著作在相關學術領域具有一定的代表性，在學術研究方向、方法上獨具特色。

二、爲避免重新排印時出錯，本叢書原本原貌影印出版。影印之底本皆經專家組審定，原書字體大小，排版格式均未做大的改變，原書之序言、附注皆予保留。

三、本叢書分爲八大類，以作者生卒年編次。

四、爲使叢書體例一致，本叢書前言後記均采用繁體字排版。

五、個別頁碼較少的版本，爲方便裝幀和閱讀，進行了合訂。

六、少數學術著作原書内容有個別破損之處，編者以不改變版本内容爲前提，部分進行修補，難以修復之處保留缺損原狀。

七、原版書中個別錯訛之處，皆照原樣影印，未做修改。

八、所選版本之抽印本頁碼標注，起始至所終頁碼均照原樣影印，未重新編排標注新頁碼。

由於叢書規模較大，不足之處，殷切期待方家指正。

總序／

披沙瀝金，以爲鏡鑒

◇許嘉璐

多年來有一個問題始終在我腦中盤桓：爲什麽在十九世紀末到二十世紀初，在短短的幾十年裏，中國的各個學術領域竟涌現了那麽多大師級的人物？這是中國近代史上一個極爲重要的現象，我認爲，如果不能給出令人滿意的答案，我們撰寫的近代學術史將是不完整的，甚至是缺乏靈魂的。後來我知道，著名人類學家克羅伯曾提出過一個問題：爲什麽天才成群地來？看來這種現象的出現並非中國所獨有，思考其所以然的也大有人在。而在那一次世紀之交中國的情況，似乎應驗了「天才成群地來」這個令克氏久久不解的疑問。錢學森先生曾從相反的方向提出了相同的疑問：爲什麽我們這個時代出現不了杰出人才？後來人們稱這個問題爲「錢學森之謎」。

要回答這些疑問不是件容易的事。與其迅速地囫圇地探尋，不如先多了解那些讓中國近代學術（應該包括人文科學和自然科學）史上閃耀着光輝的大師們的作品和自述，從而在腦海里盡量「復原」他們所處的環境和在那種環境下的心理路徑，從中或許可以得到一些啓示。

有一點是顯然的，這就是他們雖然都已遠離塵世而去，但是他們獨立思考的品性、求知治學的真誠、困厄窮愁中對節操的堅守，恐怕是他們共同的主觀因素，一直影響到現在，而且將會永遠留存下去。

就思想界、學術界而言，二十世紀上半葉是一個新説和舊説碰撞，中學和西學融匯的大時代。那時的學人極爲重視言行操守，同時具備現代知識分子的理想信念；他們的學術研究十分純净，絶少功利因素；他們的視界開闊，以包容的心態和嚴謹的風格造就了成果的大氣與厚重。至於在客觀因素一面，他們實際是在用工業化時代的事實解説着太史公所説的名山之作「大抵聖賢發憤之所爲作」，困厄苦難使得他們「皆意有所鬱結」。這種鬱結，幾乎和個人的名利毫無牽涉，他們永遠不能釋懷的，是民族的存亡、國運的興衰、民衆的福禍和文脈的續斷。

那個時代也是近代歷史上最大規模的中西古今學術調適、創新的時期，學術方法上的交互滲透和融合、創新亦可謂「於斯爲盛」。斯時之學人是要在封閉的屋墻上鑿出窗子的勇士，是使人能夠看看外部世界的第一批導夫先路者；或者可以説，他們是在「意有所鬱結」時「彷徨」和「吶喊」的「狂人」。

相對於那時的哲人們，後來者是幸運兒。現在的形勢是，近三十年來學界空前繁榮，衆多學科有了長足之進，其中很重要的一點是學界有了更新穎、更廣闊的國際視野，似乎接續上了百年前的學壇盛事。但細想想，「古」與「今」還是有差别的。其异，主要不在於世界情勢、學術進展、工具改善這些客觀存在，而在於在廣泛吸收各國優長的同時，自身文化的主體性越來越受到重視，换言之，「拿來主義」已經延長了「拿來」的程序，加上了試用、甄别、篩選、吸收、融合、成長。就我孤陋所見，在當今地球上，面向所有異質文明，努力汲取我之所缺，其範圍之大和心態之切，似乎無出中國之右者。從這個角度説，我們已經超越了前輩。但是事情還有另外一面，學術，特别是人文學科，其職業化、「沙龍化」和功利性，以及隨之而來的浮躁病却嚴重了。從這個角度説，是不是我們已經後退得够可以的了？而這是不是我們這個時代出不了大師的原因之一呢？

民國學術界的特點之一是極爲注重對傳統的反省、批判與繼承。他們對傳統文化盡最大的努力進行整理和研究。一方面，由於戰亂頻仍，民不聊生，學者們擔起了讓中華文化薪火相傳的歷史責任；另一方面，他們要通過對中國傳統文化的整理、挖掘來重振民族自信心。這一時期對傳統文化進行整理的全面而深入是前所未有的，舉凡文字學、語言學、經濟學、法學、哲學、政治制度、書法繪畫、金石學……規模之宏大，研究之精微，令人嘆爲觀止。

民國學術推動了現代學科體系的建立。在對傳統文化整理和研究的基礎上，吸收西方的文化思想和理念，推動和建立了中國現代學科體系。例如，在對語言文字和音韵學成果進行整理、研究的基礎上開始着手規範之，建立了國語學；深入研究書法、國畫，將其融入了現代美術學科；在廢除舊有學制後逐步建立起小、中、大學較完整的科目和學科體系。

民國學術也改變了傳統學術方式，建立了新的研究範式。以現代科學考古爲發端，科研的實踐和成果使中國知識界真正認識到在實驗、比較基礎上的邏輯分析對學術研究的重要，推進了中國學術的一大演變。至於我們常説的打破士大夫傳統、走出書齋到田野鄉村和市民中進行調查研究、結束了經學時代、以歷史眼光檢視儒學和諸子等等，都是確立新學術範式的努力。這一轉變，也標誌着中國學術界脱胎换骨，全面進入了現代，爲此後的學術發展奠定了堅實的基礎。當然，西方啓蒙運動以來，在「現代性」和「現代化」裏潛伏着的缺陷和謬誤也傳到了中國，這些不能不在前哲的著作裏留下痕迹。這並不奇怪。類似的情況，古往今來孰能免之？猶如今天的我們，誰敢自稱我之所見就是永恒的真理？在這個問題上兩個時代所異者，或許就在昔時大家創立新説或譯註西學著作，往往是懷着對學術和前哲的敬畏而爲之，故而常常誤不在我；當今則往往出於對學問和他人的輕蔑，或以所研究的對象爲謀己的工具，因而難辭主觀之咎吧。翻閲他們的心血之作，這些復雜的狀況可以顯見，可以視之爲我們的一面鏡子。

滄海桑田，世事變幻，歷史的動盪和時代的遮蔽，使當年許多大師的一些極有價值的學術著作被棄於故紙堆中，不能不令人有遺珠之憾。爲此，山西人民出版社不惜以數年之艱辛，披沙瀝金，編輯出版這套近代名家散佚學術著作叢刊，凡一百二十册，計文學、史學、政治與法律、美學與文藝理論、民族風俗、宗教與哲學、經濟、語言文獻共八大類別。所選皆爲作者之純學術著作，無論是其見解、精神，抑或是其時代烙印，都是後輩學人可資借鑒的寶貴財富。他們出版這套叢書，意在讓世人不忘來程，知篳路藍縷之不易，爲民族文化的傳承再增薪木。

出版社的初衷，與我近年來所思所慮近似，故願略述淺見於書端，以與策劃者、編輯者和讀者共勉。

二〇一四年七月六日

改定於自安東回京途中

前言／精神、历史与事实

◇樊綱

中國古代不乏有趣和重要的經濟思想，但是就形成知識體係的理論或「學説」而言，中國現代經濟學的發展是從嚴復一九〇一年引進翻譯出版英國人亞當·斯密的國富論（一七七六）（當時譯爲原富）開始的。就是説，是從學習西方開始的。也屬於一個落後國家學習與追趕發達國家過程的一個組成部分。

從原富出版（以至更早時期天演論的翻譯和出版），到辛亥革命前後至五四運動時期，中國應該説是發生了第一次思想解放的進程，也就是中國的啓蒙運動，學習研究西方發達國家的科學技術、政治社會理論和人文思想，進入了一個新的時期。在大約半個世紀的時間裏，「大師」成批地出現，進入了一個學術研究的繁榮時期。除了大量翻譯西方的著作，中國人自己的經濟學研究力量也逐步形成，並逐步運用現代的理論和方法，來研究中國的社會、中國的經濟，用現代方法進行的實地調查研究，也多有發生。雖然有連續不斷的內戰和抗日戰爭，學術研究却仍在繼續，陸續出版了許多專著和論文。我們這些在「文化大革命」後才進入學術領域的後人經常會好奇：那麽一個戰亂的時代，那些前輩怎麽還在做研究？怎麽還能做研究？每當看到一本那個時代出版的泛黄的「故紙」，一定是仰慕之情油然而生。

也許正是因爲戰亂，因爲當時的落後與貧窮，許多著作出版了，又散落了。有的没有得到應有的傳播，有的研究被打斷，無法産生大的影響。現在山西人民出版社將一些不大爲人所知和没有再印的散佚經濟學著作收集出版，既是拯救，也是發揚。用現在的眼光看，有的著作也許「淺顯」，但這些著作的價值和從中我們可以學到的，其實首先在於以下的一些東西：第一是精神，那種不求世俗功利，出自好奇心在亂世中探索真理的風骨；第二是歷史，我們中國人的思想史，我們現在學的這些東西是如何從外面舶來而在中國的土壤上生根和發展的；第三是事實，是那一輩學者在艱苦的環境下記録下來的當時和以往的事件與史料，這些已經不可復得，但却是我們在研究近現代中國經濟發展的整個進程時不可或缺的。

一代人有一代人的使命，也有一代人的局限。翻閱古籍，令我們思考我們能爲這個國家、這個民族、這個世界留下哪些遺産，我們的後輩將如何評價我們？

二〇一四年八月二十一日 寫於深圳

作者簡介

黄澤蒼，生平不詳。

目次

中國天災問題

第一章　天災之成因

第一節　氣候變遷爲旱災之成因

中國爲世界天災最常之地，亦受災最劇烈之區。而各種天災之中，肆虐最亟，危害最深，災區最爲廣遠者；除洪水之外，當莫過於旱魃。顧中國何以災荒特多，而水旱又特甚耶？雖曰人事不修，有以致之；然亦天時不和爲其主因也。

旱災之多寡，以降雨量之是否適宜爲標準；欲明此理，當先研究雨之成因。雨乃空中水氣凝結而成，凡近地面之空氣，均含有水氣；不特海洋曠野上之空氣有之，卽沙漠中之空氣亦包涵有若干。

然空中之降雨與否，要視乎水氣之能否凝結為雨點而定；凡空中溫度愈低，則其所能含受之水氣亦愈少。是故空中溫度若由寒而熱，則必吸收地面上之水分；若由熱而寒，則空中一部分之水氣，遂凝結為雲霧雨雪。是以空中溫度之低降，實為降雨之最要條件。然又有二故不盡能致雨；一、上升空氣苟流行甚速，則其力足以抵禦雨點之下降；一、則雲點成雨而後，若中途空氣乾燥，則未抵地前，雨點復蒸發為水氣，徒有雨意而已。

雨量之多寡，又因其地之方位地形等關係，而有不同。如戈壁沙漠中，終年不見涓滴，若印度喜馬拉雅山麓之肖拉朋齊（Chirrapunji）每年達一萬一千粍，十倍於上海南京等地常年所受之雨量；四川之雅安縣，亦以雨量豐沛著。所以然者，因地面高聳，易受上升之風也。吾國雨量測候所設備未周，對於歷年雨量之記錄，極為疏闕；惟外人所設之徐家匯天文臺，歷史久遠，記錄略備，足資考鏡。臺長孚爾克氏（L. Froc）曾集各處十一年中雨量報告，編刊成書，而吾國各要地雨量，始略能推知。惟其中測候所雖達八十餘所，而足十一年之記載無間斷者，僅二十九所；蓋雨量之測錄，必逾十年始可為徵信，以旱潦之來，常十年為輪迴也。茲由孚爾克氏報告書中採擇列表如下：表中之數，俱以公釐計算。

地名	每年平均雨量	寒期	熱期	一年中雨量之最大者	一月中雨量之最大者	一日中雨量之最大者	最乾年之雨量
上海	一、一六一·二	三九一·九	七六九·八	一、四三九·四（一九〇六）	三三四·七（一九〇九年六月）	一三三·五（一九〇七年八月一日）	一、〇〇八·六（一九〇〇）
香港	二、〇三四·七	五四三·一	一、四九一·六	二、四七三·四（一九〇二）	六八〇·五（一九〇二年五月）	二八二·八（一九〇四年八月二五日）	一、四一六·七（一九〇一）
青島	七一八·三	一七五·九	五六八·一	九一五·〇（一九〇九）	二九五·三（一九〇二年七月）	一三三·三（一九〇六年七月九日）	四四五·二（一九〇一）
牛莊	六三八·二	一三五·七	五〇三·五	九二六·〇（一九〇三）	六四八·六（一九〇三年八月）	一九一·五（一九〇三年八月二日）	四六七·七（一九〇六）
芝罘	五八七·八	一四三·七	四四五·一	九五五·七（一九〇三）	四三〇·五（一九〇四年七月）	一九六·九（一九〇三年八月一六日）	四二五·七（一九〇六）
瑯琊島	七三五·三	一五三·九	五一七·四	九八九·〇（一九〇四）	四八五·五（一九〇七年七月）	二六五·四（一九〇四年八月一七日）	三六〇·七（一九〇一）
佘山	九八九·四	三三二·四	六五七·〇	一、二四七·九（一九〇七）	二四八·八（一九〇七年七月）	一二〇·七（一九〇〇年九月五日）	八二三·五（一九〇一）
大戢山	一、〇七六·〇	四〇三·三	六七二·〇	一、三六七·六（一九〇二）	二八五·一（一九〇九年六月）	一五二·四（一九〇〇年九月一七日）	八五八·八（一九〇八）
花鳥山北島	一、〇〇〇·〇	三三五·一	六六四·九	一、五六三·二（一九〇五）	三三六·〇（一九〇五年八月）	一〇〇·七（一九〇四年六月二四日）	八一七·一（一九〇二）
鎮山	一、一一八·六	三〇〇·一	八一八·五	一、三九四·二（一九〇六）	四七六·一（一九〇一年七月）	二五四·八（一九一〇年八月五日）	七七三·四（一九〇四）
蕪湖	一、三〇〇·七	三八五·二	九一五·四	一、六三三·〇（一九〇六）	四〇〇·九（一九〇九年六月）	三一七·五（一九〇五年四月一九日）	五七二·二（一九〇〇）

九江	一、六一〇·三	五二五·九	一、〇八四·四	二〇五·二（一九一〇）	六〇六（一九〇九年六月）	一七七·〇（一九〇一年六月二四日）	一〇三二·八（一九〇三）
漢口	一、一一二·七	二八〇·五	八三二·二	一、六〇九·一（一九〇九）	五三二·八（一九〇一年七月）	一九五·〇（一九〇九年七月一三日）	五八二·五（一九〇二）
宜昌	一、〇三五·八	一八三·四	七五二·四	一、三三五·九（一九一〇）	三九九·八（一九〇八年七月）	一八一·六（一九一〇年七月一三日）	六四二·二（一九〇〇） 六四四·七（一九〇三）
重慶	一、〇二四·九	三七九·九	六四五·〇	一、四一九·七（一九〇三）	二九一·一（一九〇三年六月）	一三三·八（一九〇三年六月八日）	七九〇·二（一九〇二）
寧波	一、三三一·〇	五一一·九	八一九·一	一、八六二·〇（一九〇一）	三九七·二（一九〇二年八月）	一二七·〇（一九〇一年八月一九日）	九二一·八（一九一〇）
溫州	一、五五八·四	四七四·一	一、〇八四·三	二、〇四四·四（一九〇八）	四五三·〇（一九〇八年八月）	一四四·〇（一九一〇年七月一九日）	一、一三九·七（一九〇三）
福州	一、五二四·六	五六二·九	九五一·七	三、〇七一·八（一九〇六）	六八五·五（一九〇九年九月）	二八八·三（一九〇九年九月二〇日）	一、〇二三·九（一九一〇）
牛山島	九九六·九	二六九·〇	七〇七·九	一、二八四·三（一九〇三）	三三二·〇（一九〇一年八月）	二五四·〇（一九〇六年五月二三日）	六三六·三（一九一〇）
烏邱嶼	八四四·一	一九七·四	六四六·七	一、一一三·四（一九〇〇）	三八九·〇（一九〇二年六月）	一五一·二（一九〇六年五月三日）	五六〇·一（一九一〇）
廈門	一、一七五·七	三三〇·七	八四五·〇	一、六四五·七（一九〇三）	三八八·八（一九〇四年八月）	一八三·六（一九〇三年五月一八日）	六一四·八（一九一〇）
東淀島	一、〇三五·〇	二九八·〇	七三七·〇	一、五六二·〇（一九〇三）	四〇八·七（一九〇二年五月）	一七三·七（一九〇五年九月一五日）	六九五·一（一九一〇）
東澎島	一、〇七九·四	三四八·三	七三一·一	一、七八四·七（一九〇三）	五六八·五（一九〇三年九月）	一六二·六（一九〇一年八月四日）	五九七·八（一九一〇）
石碑山	一、三七六·三	四〇〇·一	九七六·二	三、〇九五·四（一九〇三）	五八·一（一九〇九年一〇月）	三三八·六（一九〇六年七月二六日）	七〇一·六（一九一〇）

梧州	一、三三九·八	三三六·三	一、〇〇三·六	二、四〇八·九（一九〇七）	四七二·二（一九〇七年五月）	一三四·一（一九〇一年七月三日）	九七五·四（一九〇〇）
龍州	一、〇〇四·三	三〇二·一	七〇二·二	一、五三六·五（一九〇八）	四〇七·三（一九〇四年五月）	一四四·八（一九〇四年五月二日）	四七八·五（一九〇三）
北海	一、九八五·五	五三七·一	一、四四八·四	二、六九一·三（一九〇八）	九五三·五（一九〇〇年七月）	三一九·五（一九〇三年六月二七日）	一、四二三·七（一九一〇）
汕頭	一、五〇九·五	四一六·三	一、〇九三·三	一、三一八·七（一九〇三）	五六〇·七（一九〇二年六月）	三三三·四（一九〇三年一〇月二八日）	七七六·一（一九一〇）
三水	一、五三七·九	四八九·一	一、二六八·八	二、七六〇·〇（一九〇七）	六一五·八（一九〇七年九月）	一九四·〇（一九〇〇年九月一四日）	一、二三一·七（一九一〇）

此外，測驗僅及數年者，亦列其一年中雨量平均值如下。

哈爾濱	五六四	吉林	七六二	瀋陽	五九八	營口	六四八	長春	七三〇
大連	六四四	煙臺	五八七	天津	四九六	霍邱	一、〇六四	長辛店	五六〇
秦皇島	五八二	庫倫	一六三	疏勒	八九	北平	五三七	同居	七四六
牯嶺	二、五九三	大名	五一六	南京	一、〇八一	沙市	一、二一八	長沙	二、〇三二
成都	八八二	江孜	二〇〇	杭州	一、五四三	雲南	一、〇九八	南寧	一、一八六
蒙自	九二六	柴達	一〇八	拉薩	三五〇				

閱表，足知我國各處雨量至不平均，多者如牯嶺達二千六百公釐，香港二千公釐；少者則新疆

疏勒年僅八十九公釐，西藏之拉薩與江孜，不過一百至三百五十公釐。然旱災之來，並不因一地雨量之多寡而定，而視乎其分配能否適合於穀物生長期內以爲斷。蓋雨量稀少之處，其所種植之農產，耕耘之制度，以及人口之疏密，均與雨量豐沛之處不同。古代人民，已按各地之環境，相地之宜。而培適當之農產品。如稻米在生長期內所需之雨量爲三十吋，過多或不足，皆非所宜；又雨量祇有八吋至十吋者，宜於種麥。故雨量最少之地，未必爲旱災最酷之處也。試觀左表：（每吋等於二十五公釐）

雨量與農業之關係

雨量	關係
十二吋以下	沙漠之地
十二吋—十八吋	祇宜畜牧
十八吋—一〇〇吋	最適農耕
一〇〇吋以上	植物太繁盛

穀物	生長期內所需雨量
稻米	三〇吋
玉蜀黍	一四吋
小麥	一〇吋
黑麥	八吋

旱災之多寡，實視乎其地雨量變遷之程度而定。設甲乙二地，平均雨量每年均爲一千粍，苟甲

地雨量年年無大出入，總在一千粍左右；而乙地則有時僅五百粍，有時忽達一千五百粍，其總平均之數，雖與甲地不相上下，但甲地風調雨順，而乙地則水旱頻仍矣。然雨量變遷之劇烈與否，則又與其地之方位，有密切關係。

中國位於亞歐大陸之東南部，就海陸之關係而觀之，可分爲二大部：曰近海部，本部與東三省是也；曰內陸部，西藏蒙古新疆是也。此兩大部之間，以南北行之橫斷山脈，與東南行之戈壁沙漠，爲其天然界限。近海部屬於季風區域，內陸部屬於大陸性氣候。所謂季風者，係海陸之風，冬夏易位；冬季風自大陸中心趨向海洋，夏季風自海洋吹入大陸，循環往復，年年如此，故曰季候風。季風最重要之影響，爲夏雨，夏雨者，吾人養命之所資也；蓋一切稻田，皆待夏雨而成熟；故先民之歌曰：『南風之薰兮，可以解吾民之慍兮！南風之時兮，可以阜吾民之財兮。』數千年來之華人，未有不一唱而三歎也。

吾國以其位於季風區域，因之遂難避免旱潦之肆虐；蓋季風亦有其缺點，則每年中雨量之分配，時常不勻，變遷之大，更非他種氣候所能及。雨量不勻，非旱則潦，理之常也；例如北平三十年來之平均雨量爲二十五吋，民國九年僅有十一吋，則其距中之率爲五十六%，故是年北方大旱，災區遍及五省。又南京平均每年八月份之雨量爲一二·五糎，而民國十年八月份雨量，竟達二六·五糎，其距中之率爲二一〇%，於是江蘇有水災。諸如此例，不勝枚舉。故氣候之變遷，實爲我國多災之主因，善哉，竺可楨先生之言曰：『歐洲人口之密，不下於東亞，然歐洲各國旱潦之多，遠不及印度與中國；雖曰歐洲交通便利，工業興盛，由於人力，而半實由於天時也』。

第二節　旱魃與蝗災之關係

農作物上主要之害蟲，蝗蝻之外，有螟蟲，稻蝨，桑蟥等。蝗蝻桑蟥，係屬於咀嚼口類(Chewing Mouth)；螟蟲稻蝨則屬於吸收口類(Sucking Mouth)。咀嚼口者，係將食物咬碎吞下，吸收口則鑽爲窟窿，吸收其液汁。害蟲之產生，與亢旱之氣候有極密切之關係。試分述如下。

一、蝗蝻之繁殖與災害　漫漫蔽天而來，樹木沒葉，萬頃千稼，連州幷邑者，其所謂蝗災耶？蓋自古有之，詩云：『螽斯羽詵詵兮，宜爾子孫振振兮。』『去其螟螣，及其蟊賊；無害我田穉，田租有神，秉畀炎火。』蠡斯爲蝗蝻之總稱，螣乃其屬名也，蝗蟲之見於古籍者，以此爲最早。

蝗之種類甚多，據調查所得，我國有八十餘種；普通者有二：一曰土蝗屬（Melanoplus），一曰飛蝗屬（Locusta）；前者生殖不繁，無飛翔力，缺遷徙之性，限於地域，遺害稍輕。後者則不然，產卵於土中，連結成塊，每塊卵子多達百餘萬顆；初生如粟米，數日旋大如蠅，能跳躍羣行，是名爲蝻。又數日，羣飛遠近，是名爲蝗。所止之處，喙不停嚙，故易林名爲飢蟲也。又數日，孕子於地矣，地下之子，十八日復爲蝻，蝻瞬成蝗，如是傳殖，害之所以廣也。生殖既速，食量尤大，復具遷徙之性，凡其所經，良田千頃，枯槁無收；歷史上之饑荒戰禍，由蝗蟲所釀成者，可僂指數！

吾國蝗災最常之區，首推黃河長江二流域，其中每以山東河南陝西江蘇浙江等省爲特烈。

二、螟蟲稻蝨之害　吸收口類害蟲，以稻蝨爲著，體形小而繁殖極速，不論幼蟲成蟲，皆以吸收稻汁以供資養。被災之稻，不特發育阻礙，且易起萎縮病，或因以枯死。其加害之範圍，遍及種稻之區。又柑橘中之介殼蟲，亦屬此類。

蝗蝻，稻蝨皆屬加害植物外部之害蟲，使人易於發覺。至加害植物之內部者，則有螟蟲。螟蟲產卵於稻葉，孵化幼蟲後，則鑽入稻莖裏，吃其液汁。對於稻之發育與生產量，俱有極大影響，僅浙江一省每年所受螟災之損失，不下一萬萬元。徒以加害之時，不若蝗蝻之猛厲狂驟，遂致爲人所忽略。

三、害蟲繁殖之原因　害蟲繁殖之原因，約有二端，一爲食料關係，又一爲氣候影響。凡有廣大田園，即爲害蟲產生之天然處所，廣大田園中之植物，即爲害蟲之優良食料，食料愈充裕，害蟲之發展亦愈速，繁殖率亦愈高，此就本土原有之害蟲而言也。至於外境之害蟲，則每隨其植物或種子而輸入；苟環境適宜，滋養充分，庶必與本境原有之害蟲，同其繁殖程度。

氣候之變遷，尤爲發生害蟲之主因，蝗蝻最盛之時，則在大旱之後，其他害蟲亦然。如民國十八年，河南山東安徽江北，連年曠旱，而蝗蟲之患亦特烈，且波及向無蝗蟲之江南。蓋若雨量豐沛，既可殺死蟲蛆，復能破壞初生之幼蟲；又因長期乾旱，植物發育遲緩，受蟲後未能於短期間恢復其健康，致果害蟲之口腹，亦爲擴大災害之一種理由。

風，對於害蟲之關係，雖不若雨之重要，然亦有相當影響，如飛蝗之類，常受風力代爲傳佈是也。

溫度與害蟲亦有密切關係，例如螟蟲之末代幼蟲，與蝗蟲之卵，一在稻，一伏地下，皆係隱藏以越隆冬。倘若上年冬季特寒，冰雪充盛，次年之蟲害必因之銳減。若夏季大熱，螟蟲之幼蟲發育強壯，是年蟲害必烈，而越年爲尤甚。

第三節　氣候與風災之關係

所謂風災者，係指風暴與颱風而言。

風之種類有三曰恆風（Constant Winds），曰定期風（Periodical Winds），曰不定風（Variable Winds）。不定風之主要者爲旋風（Cyclone），限於一定地方急生低氣壓時，由周圍之高氣壓部而來之氣流，急激集中，遂生旋風。取螺旋狀之進路。旋風旋轉之方向，在北半球，與時計上分針所行之方向相反；在南半球，則與時計上分針同方向迴旋。又有時限於一地方氣壓急高時，則旋風之方向適與前者相反，向四方吹散，是謂之逆旋風（Anticyclone）。旋風與反旋風，並非常住一處，在溫帶中，其進行爲自西而東；在熱帶中，則自東而西。旋風來時，天氣惡劣，暴風驟雨，相迫而至，故有風暴（Storm）之稱。旋風過後爲反旋風，卽爲尋常良好之天氣。

我國大部位於温帶，故尋常風暴頗多，依其所取之途徑，可分爲數種；（一）爲西伯利亞風暴，（二）爲滿蒙風暴，（三）爲黃河流域風暴，（四）爲長江流域風暴。

颱風與風暴區別表

類別	名稱	範圍	方向	時季	速率（每小時）
温帶風暴	旋風	大（直徑自五百哩至千里）	自西至東	冬日居多	小（冬三七哩）（夏二二哩）
熱帶風暴	颱風	小（直徑二三百哩但風力較強雨量較盛）	自東至西	夏日居多	大（約一〇〇哩）

颱風（Typhoon），亦風暴之一種，特尋常風暴，均在温帶，颱風則源自熱帶。颱風移行，自東而西，每日平均速率八百餘里，福建志書：『五六七八月，應屬南風，颱風發，則北風先至；轉而東南，又轉而南，又轉而西南始止』云云。我國沿海各省，夏季之颱風，均取源於赤道附近太平洋中，由菲律賓而臺灣，遂達閩粵江浙之沿海。颱風之數每年平均約二十四次，其能達我國沿海各省者，年僅三四次；然因其勢狂驟，往往災害隨之。

風暴（卽旋風）急起於海面時，海浪爲之逆擊，高達空際，其狀如龍，航行遇之，鮮有倖免。其起於陸上者，則拔樹木毀房屋，農業之受害爲尤烈。颶風以其來勢之猛，降雨之驟，聞於世。災害之程度，不亞風暴。

第四節　氣候與霜雹之關係

露，霜，雪，雹皆雨量也。凡一切生物皆賴之以資養，惟霜與雹，則於農作物大有妨礙，故爲農業上所深忌。

欲明霜之成因，當先研究露之由來；空中所能含受水氣之限度，視乎溫度之高低而定。但一日中空氣溫度高下不等，要以下午二時左右爲最高，以天將破曉時爲最低；往往在日中空氣吸收水分，至中夜或淸晨因溫度下降，而水氣乃達飽和點，若遇寒冷之枝葉岩石，一部分之水氣，遂凝結爲纍纍若圓珠之白露。迨朝日東昇而後，空氣溫度復逐漸增高，空氣又能多含水分，而白露則消滅於無形；霜則露之變形耳。水氣凝結時，溫度在冰點以上，則成液體之露；在冰點以下，則成固體之霜；詩云：『白露爲霜』此言是也。天氣新晴，北風寒切，是夜必霜。

炎夏之時，天氣至熱，陰雲密佈，雷雨大作，往往附有冰雹。雹之大者，其直徑可與蘋果或雞蛋不相上下，往往積於地面，深可盈尺。若剖而驗之，則知其中冰雪分爲若干層，此蓋由於雹之生成，有猛烈之空氣流動，時上時下，忽升忽降，挾雹與之俱。當其降也，則雹之外沾有雨水，及其升也，則水結爲冰，故雹升降若干次，其內部結有堅冰若干層。

霜能殺物，而雪爲豐年之兆，其故何歟？曰，有霜時則其地面溫度已達冰點，嫩芽枝葉內之水分，亦必冰凍，而枝葉因以受摧殘。下雪時未必然，故雪花抵地而後，往往溶解爲水。又霜多降於早春與晚秋，初放之嫩芽，將熟之瓜果，一經寒霜，卽無噍類矣。雪卽降於隆冬，瓜果已熟，枝葉已凋，惟餘堅忍耐冷之枝幹，雖飽經霜雪，不足爲害也。

中國農作物每年所受霜災之損失，不可勝數；如民國二十二年早春，閩南一帶降霜甚厚，重要之茘枝及瓜果等俱被殺死，損失不下五十萬元。冰雹之害較霜顯而易見，其大者能損失人畜，毀壞屋宇；小者足以傷禾折黍，打傷淨盡。

第五節　地理環境與水災

維柏爾曰：『中國的國家，是由於和水鬬爭之必要而創生出來的！』此語最爲中肯。蓋我國自有史以來，即有水患，且罹災次數，與時俱增；例如河北自二世紀至十六世紀，其間除十四世紀以外，每世紀之雨災次數，惟在二次至五次之間。及十七世紀，則達二十四次；十八世紀，三十一次；十九世紀更達五十二次。餘如河南山東江蘇湖北等省，亦皆有增無減。其歷次受災程度之比較，尚未計及。故水災旱災，並爲我國之大威脅也。

旱災之成因，由於氣候劇變所致；水患之由來，氣候影響之外，地形地質亦有密切關係。我國善潦之區，首推河北河南山東江蘇等省，而黃河永定河淮河運河等，皆其禍根也。顧諸河何以特別多災？簡言之，地理環境之影響是已。玆引竺可楨先生直隸地理環境和水災一文，以見河北多災之故。

（一）氣候的影響　在全中國境內，是一種季候風氣候；所謂季候風氣候，簡單言之，是一種夏季多雨，而冬季少雨的氣候。這一點，對於中國北方雨量稀少的地方，在農業上當然很有利益；因爲農作物多是在春季下種的，夏季多雨，可以助其生長；假使在冬季多雨，那末，五穀就不能盡量利用。不過季候風氣候，同時亦有一種壞處，因爲凡是季候風氣候，牠的一年中雨量的分配，非常不勻，變遷之大，亦非他種氣候所能及。以中國而論，廣東福建一帶，一年中雨量的變遷，比較還不十分大。北方幾省，冬夏卻就有很顯著的差別。現在就天津上海和美國紐約省的奧爾巴尼(Albany, N.Y.)來說；這三個地方，都在大陸東面，雨量都是冬少而夏多；上海全年雨量約一千一百公釐，紐約九百公釐，天津約五百公釐；冬夏每一個月所占的成分，假使平均分配起來，應該各得百分之八強。上海紐約和天津三處，雖統是夏月多雨而冬月少雨，他們的程度卻很不同；就是天津一年中的雨量，有一大半是在七八兩月下的，在冬天，卻差不多等於零。現在把這三處一年中下雨最多和最少的月份，列成一表；一看這個表，三個地方冬月和夏月雨量的多寡不同，就很瞭然了。

天津上海紐約冬夏下雨差別表

地名	夏月最多雨量占全年百分比	月份	冬月最多雨量占全年百分比	月份
紐約	一〇·八%	七月	七%	一二月

上海	一六・二%	九月	三%	十二月
天津	三四・一%	七月	一%以下	十一十二月
	二六・五%	八月		

我們再看這三個地方三十年來的全年雨量，把牠們各個的平均雨量作爲一百分來比較；大概雨量超過平均雨量的百分之三十；那大半是潦年。年比平均雨量少百分之三十，那也就大半是旱年。在下圖上，又可看出天津歷年來雨量的變遷，非常之大。

地名	在一三〇%以上的	在七〇%以下的
紐約	一次	〇次
上海	一次	一次
天津	四次	三次

而且天津的雨量多的時候，可以達百分之一百五十以上；少的時候，不到百分之五十，這是上海和紐約三十年中所沒有的。天津可以代表河北省，河北的雨量多的時候非常多，少的時候非常

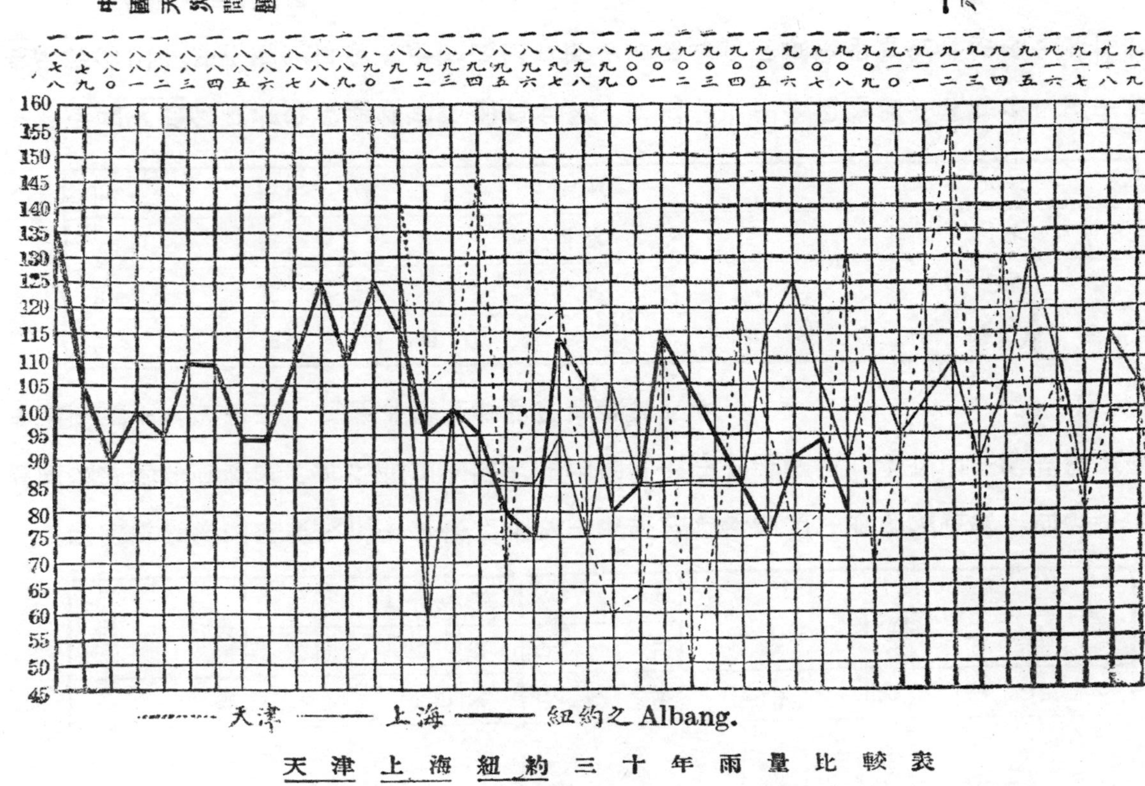

天津上海紐約三十年雨量比較表

少，變率既大，水災自亦難免了！

（二）地形的關係　以河北的地形而論，東南部是一個廣大的沖積平原，西北部是山嶺平原，成半圓形；以天津附近的海河河口爲中心。平原的廣度，多至六百里，少至二百里；這個平原的高度，大致很平，從沿海起，一直到平原的盡頭，相差不過六七十尺，所以坡度非常小，差不多每里只高一寸。但是一到西部山嶺之區，卻就突然的增高了。

在這個平原上的河流，都流向一點，成輻射形；他的總歸宿地，就是海河的河口。在這種情形之下，發生危險是很容易的；第一、就是下雨的時候，水的供給量，超出了海河的排水量。第二、是山上的水，到了平原上，坡度變小，所帶泥沙，統要沈下來；因爲凡是河流所帶的沙量，與河流速率的六次方成正比例。這個平原上的河流，都從山西河南和河北等處發源，地勢較高，坡度較大，流速而帶沙量大。但一至平原起點，坡度突然變小，水的流速也突然減縮；水裏所帶的泥沙，就大於河流所能負擔的泥沙量，一部分的泥沙，自然的沈澱下來，而堆積於山地和平原交界的地方。這樣，當然能壅塞河道，造成水災。所以在河北的水災，有兩個地方最多；一個就是這個山嶺和平原交界的地方，那一個，卻是大沽口。大沽口之所以多水災，就因爲水的供給太多，大於海河河口的排水量；水既不及流入海中，自只得決堤橫流了。

河北河流極多，最重要的是下列五條：

（一）北運河……支流是潮河白河和溫榆河。

（二）南運河……支流是衞河漳河和汶河。

（三）子牙河……支流是滏陽河和滹沱河。

（四）大淸河……支流是唐河和易水。

（五）永定河……支流是桑乾河。

這五條河流，都從天津經海河入海，牠們都各自有其個性，北運河比較的不易氾濫，因爲其中沈澱物較少。大淸河下游之爲患亦較少，因唐河易水都流過東淀，東淀和西淀兩個沼澤，沈澱物一部分已在淀中沈下，大淸河之一名淀河，也就因此。永定河的爲害最烈，因爲沈澱物多，河水渾濁；所以永定河又名渾河。南運河水量大，沈澱物也不少，所以也是河北水災禍根之一。現在再和歐亞的大河沈澱量來作一比較，就可以很明白的看出來。

河北大河和歐亞大河沈澱量比較表

河名	沈澱量百分比	河名	沈澱量百分比
溫榆河	〇·二	Rhone	二·二二
永定河	八·〇—一〇·〇	Po	〇·三三
滹沱河	三·五	Vistula	二·〇八
滏陽河	二·五	Rhine	一·〇〇
漳河	四·五	Sutlej	二·二〇
衞河	四·〇	Indus	〇·六一
南運河	四·〇	Nile	〇·三二
黃河	一一·〇	Ganges	〇·八一

世界大河流，像永定河河水含百分之十的沈澱是罕有其匹的，就是水中沙土有滹沱河南運河這樣多的也就很難得了。

總結上述，地形對於水災的關係有兩點：（一）坡度的突然變更，使水中所帶的泥沙，在未到海口以前，就沈澱在平原上。（二）平原形如釜底，使五大河流統集中於天津附近，由海河入海。這兩種天然形勢，都可以釀成河北的水災。

（三）地質的關係　但是河北河流中的沈澱，爲什麼特別的多？這是與地質有關係的。大凡河岸河底，若統是岩石，河流沈澱必少；若河岸河底，統是泥土，河水中沈澱必多，因爲沙粒愈小，愈容易爲水所沖刷。河北西部和山西河南地面多是黃土，其中尤以永定河滹沱河和漳河三條河流流域中黃土爲最多，各要占到河流流域面積的四分之一；黃土疏鬆，易於被水沖動，同時，顆粒又細小，可以被水攜帶的量也較大。永定河中的沈澱物，多非常細小，有百分之九十九是直徑在百分之一英寸以下的，永定河中沈澱重量，占河水重量百分之八至百分之三〇，這可見永定河中泥沙之細而多。如民國六年，永定河所帶下泥土，在四十八小時內，將海河河身塡高了八尺。在這種水的供給增加，而容水量突然減小的情形之下，河流自只有出於決堤這一條路了。

上述三點，都是河北多水災的主要原因，也就是地理環境影響於水災的三個要素。但這些都是天然的，此外，還有一種人爲的環境和河北水災也有極大的影響，這就是人口的突然增進，和農事振興的關係。（原文詳見科學第十二卷十二期）。

河南山東等省之水患，則由黃河善決善徙所致；其病源亦受地理環境影響之故。天津之雨量，可以代表北方，故黃河所受氣候的影響，自與河北各河流相同，今但言其地形與地質之關係可也。黃河導源於星宿海，全長八千里，流域四十萬方英里；其在上游，地勢特高，拔海一萬四千英尺。至甘肅西北部，尚達八千英尺；且河牀固定，水勢湍急，深溝峽谷，爲之範圍，故河流祇有剝蝕而無沈積，引渠灌溉，水利頗溥，所謂天下黃河，利在上流者也。及其過河陰以東，出山嶽而入平原，其地地勢低降，惟一千數百英尺；坡度突變，流速驟減，於是所挾土砂，十九沈澱，不得遂其就下之性，此地形之影響也。

黃河在低水時每秒鐘平均行半公尺，在洪水時比低水時急四倍至五倍，在洪水時之砂粒佔全部百分之四十五，低水時佔全部百分之點二八。據此，可以求得一日之間，黃河輸出之沙量；在洪水時期爲三千一百萬立方公尺，低水期爲六萬四千立方公尺，沈怡先生曾加以設喻：

『我們知道北京紫禁城的高爲六公尺，面積爲一、六六四、〇〇〇平方公尺；因此，牠的容量便爲一〇、〇〇〇、〇〇〇立方公尺。我們又知道在洪水時期黃河一日間所輸出的沙量有三一、〇〇〇、〇〇〇立方公尺，大逾禁城之容量約三倍有奇；換言之在洪水時期單是八小時間黃河所輸出的沙，就可把整個的紫禁城齊城牆塡的結結實實。』

左表爲黃河與世界各大河含沙量之比較。

黃河（洪水期）……五、六二〇格（每立方公尺水中所含沙量）

多腦河（洪水期）……二、一五一格（同上）

來因河（洪水期）……一、一七四格（同上）

米西西比河（平均）……六七〇格（同上）

尼爾河（洪水期）……一、五八〇格（同上）

恆河（洪水期）……一、九四〇格（同上）

據此，可知黃河含沙量實較其他各大河多至兩三倍，而坡度之突變又如上述，故一旦山洪暴發，遂興滔天之禍。及淤積漸多，河牀日高，若遇水勢氾濫，每舍故道而另闢新徑。自大禹治水（帝堯八十載告成，即西紀元前二二七八年），以迄今日四千三百餘年中，黃河決溢之事，無慮百數。舉其大者，周定王五年（西元前六〇二）一徙，王莽始建國三年（西元後一一）再徙，宋仁宗慶歷八年（一〇四八）三徙，金章宗明昌五年（一一九四）四徙，明孝宗弘治七年（一四九四）五徙，淸咸豐五年（一八五五）六徙，而以咸豐河決爲尤要。咸豐以前，黃河自河南開封東南流而趨江蘇徐州，至宿遷，奪運河之道，至淮陰，奪淮水之道，東流而入黃海，南距揚子江口僅二百六十里耳，即今所謂淤黃河是也。咸豐初年，河決開封以前，東由銅瓦廂東北折，奪大淸河（即古濟水）之道，至山東利津注於渤海，乃爲今河。簡言之，凡山東半島南北千里之地，皆其遷流之區域也。

黃河水患，無歲無之，泛濫數千里，淹沒數萬家，公私交困，自古而然；昔漢武帝歌云：『爲我謂河伯焉何不仁，泛濫不止焉愁吾人！』外人至稱『黃河爲中國之憂患（China's Sorrow）』，良有以也。

江蘇安徽等省之水患，由於淮運之害，淮運之病根，由於黃河屢次潰決所致。淮河發源於河南桐柏山東流入皖境會洪河曲河溿水潁水淝河渦河諸支流，匯於洪澤實應界首諸湖（洪澤湖之成因，由於淮奪於黃，淮水出路閉塞，匯瀦而成）流域面積約一萬六千方里。自宋以來，黃河南竄淮河自由入海之孔道，奪於黃河者六百餘年；河徙而北，久不治理，又七十餘年。當時河流所經，今已闢爲阡陌，無復河槽舊址。淮河所受潁渦諸水，遂大半鬱積於洪澤一湖，自湖東注運河而歸墟於長江。但洪澤等湖，近年因沖積日高，湖底漸淺，（洪澤湖面積四五百方英里，而深不及五英尺）。瀦蓄之力銳減，以故凡遇江淮並漲之年，輒以氾濫爲患，平均每五年必有一次，被災範圍約達三萬方英里，卽北自山東山脈之麓，西自徐州宿州亳州，南起接近淮河之淮陽山麓，以迄清江浦淮安一帶。運河爲古來南北交通要路，其在黃河以南，淮水以北者，長約千里。黃河之南行也，運底爲之淤高，清季海輪勃興，運河年久失修，以致夏秋水漲，氾濫成災；冬春水涸，又無相當之接濟，實害多而利少焉。

由上觀之，我國北方水災頻仍之故，可思過半矣。且豈特北方諸省爲然，各地水患之成因，亦莫不由於地理環境之影響也。

第六節　地質與地震之關係

自然現象之進行，大抵悠久而徐緩，雖蘊積日久，結果或甚偉大；但因變遷微漸，常人恆疏注意。惟地震之來，能於數秒鐘間，頓成鉅劫；莊嚴建築毀為瓦礫之場，陵谷滄桑變於剎那之頃。自然現象中驚心動魄之事，莫逾於此！

地震烈度有強弱之不同，微震人不能覺；輕震，少數人覺之，不恐慌，能使睡者驚醒，時鐘停，懸物搖；破壞震，少數房屋毀壞，人畜受傷；大災震，多數房屋傾圮，人口死亡甚衆。

地殼之不穩固部分，急起變動，使地面上搖撼不寧，名曰地震。火山爆發之結果，固足以生地震，但大多數劇烈之地震，與火山活動無直接之關係，而實由於地層之斷裂，或地層之陷落也。

據外國學者之研究，謂吾國位於地面上之安靜部分，屬於無震區域。惟就吾國史乘中之可考者而核計之，自夏桀迄今三千二百餘年間，地震之發生，已達三千五百餘次，平均每年幾有一次。至其裂度，山崩水湧，毀屋傷人者，史不絕書。蓋其地震區域，雖無全數集中一處，然其地質上之構造，皆具有共同之點，即一、地震帶皆有重大斷裂。二、發生大災震之斷裂，皆時代較新者，大抵在第三紀或第四紀之初。三、為水平動斷層與上下動斷層。茲依翁文灝氏之言，將吾國地震帶之分佈及其歷次災震之經過，述其梗略如下。

一、汾渭地塹帶……陝西渭河谷，山西汾河谷，及延長地帶，其地質構造，皆為地塹。地勢二岸高峙，一谷中陷，所謂斷層是也。其斷層時代，最古不過始新統，或至洪積統，迄於現代，餘動未熄，故地震之象，數見不鮮。周漢二代已有紀載，自唐貞觀三年（二八二九），至清道光十年（一八三〇），一一八一年間，計有大災震三十二次。其中災害尤烈者，如宋仁宗景祐四年（一〇三七），忻州死二萬人，傷五千餘人；代州死七百餘人，太原死一千七百餘人。元成宗大德七年（一三〇三），太原平陽毀官民廬舍十萬。明嘉靖三十四年（一五五五），晉陝豫地震，其震中似在華縣朝邑蒲州之間，地裂泉涌，或城郭房屋陷入泥中，或平地突成山阜，史稱傷亡十三萬人。餘如明崇禎十一年（一六三八），西安白水之震，清康熙三十四年（一六九五），平陽之震，皆有毀屋傷人。民國九年，又受甘肅大震之影響。

二、太行山拗褶斷裂帶……河北山西之間，平原東限，太行西峙，其地層多屬東傾，灰巖密佈，山嶺煤系埋於平原，一昇一降，是爲拗褶。褶之較烈者，又生斷層，昇降之形迹迄今未泯，卽褶斷之發生，爲時猶新。是帶地震不多，而災害頗烈；自唐大歷十二年（七七七）至清道光十年（一八三○）間，平均每九十六年卽有破壞大震一次。其中以元至元二十六年（一二八九），保定附近之震，死數萬人，清道光十年內邱一帶城垣房舍盡毀無遺，死萬餘人，等役爲尤烈。

三、燕山拗褶斷裂帶……北平之北，山脈陡起，卽燕山山脈是也。拗褶甚烈，遂生斷裂，温泉密佈，足爲明證。更北斷層尚多，如延慶涿鹿之間，殆爲地塹，較之汾渭地塹，雖大小懸殊，而此類構造，實與地震至有關係。是帶地震之見於記載者，始於晉元康四年涿鹿之震，死百餘人。後自宋嘉祐二年至清雍正八年，六百七十三年間，共有大地震九次，最近一次爲光緒八年。

四、山東濰河斷裂帶……山東地勢平鋪，而斷層縱橫交割，其比較重要者，多作西北東南，或近於南北走向。斷移處常東北上昇，西南下降，濰河谷約與此類斷層相合，半島與平原，卽以是爲界。因斷層之發生，爲時頗古，故地震少而烈。漢宣帝本始四年（紀元前七○年），昌樂諸城之震，壞宗廟城郭，死六千餘人，黃河東南四十九郡，悉受其影響。清聖祖康熙七年（一六六八），莒縣諸城之震，死五萬餘人，震區之廣，遠及燕魯蘇皖諸省，達一百四十三處。

五、山東西南斷裂帶……山東兗州附近山脈多屬太古界片麻巖而隱約出沒於沖積平原之低阜者，則爲時代較新之「寒武奧紀」石灰岩，此斷裂帶向南延長，侵及蘇皖北部。地震之見於記載者，始於漢文帝元年（紀元前一七九），自宋熙寧元年（一〇六八）以迄清宣統三年，八四二年中計有大災震九次；其中如宋熙寧元年，須城東河二地大震終日，滄州清池莫州，俱受影響。

六、山東登萊海岸陷落帶……山東登萊與遼東半島，僅隔一渤海海峽，殆受近代斷層陷落之故，以致分裂爲二。山東沿海地震，即以此帶爲最烈。自宋仁宗慶歷七年（一〇四六）至清光緒三十四年，八六四年間，計有災震九次；其間較烈者，如明嘉靖二七年（一五四八）登州之震，萬歷三十七年（一六〇九）榮成之震，光緒三十四年煙臺黃縣之震，被災俱大。

七、甘肅賀蘭山斷裂帶……寧夏以西，賀蘭山高峙焉，其間有一自西組東之「逆掩斷層」(Overthrust)，使「震旦紀」地層倒置於「石炭紀」地層以上，此水平力所生之斷層也。北自平羅，南至中衞，延長達一百公里以上，俱屬地震區域。自唐宣宗大中三年（八四九）至清光緒十五年，共有大震十二次；其中如明天啟七年（一六二七）寧夏之震，康熙四十八年（一七〇九）寧夏中衞之震，房舍人畜傾毀死傷俱大，而尤以乾隆三年（一七三八）之震爲最烈，新渠寶豐二縣，全部毀滅，迄今未復；寧夏府城幾全毀，中衞亦然；一時地如鼠躍，土皆墳起，斥裂盈丈，村堡城垣屋舍俱倒，死五萬餘人，成災之烈，概可見矣。

八、甘肅涇源斷裂帶……古來隴西之震多出於此，其震中區域，當在海原固原靖遠靜寧隆德會寧通渭諸縣間。除漢代所記者外，自隋開皇十三年（五九三）至民國九年，一三二七年間，大震凡二十二次。最烈者如南宋嘉定十二年（一二一九）固原隆德平涼鎮戎之震，死萬人；元大德十一年（一三〇七）固原之震，房舍盡毀，死五千餘人；明天啓二年（一六二二）平涼隆德鎮戎固原又震，被災亦烈；清順治十一年（一六五四）秦州之震，死萬餘人；民國九年十二月，震災之重，尤爲空前浩劫，死二十餘萬人。

九、甘肅武都折斷帶……秦嶺山脈爲吾國中部褶曲山脈，其褶曲時當在古生代與中生代之間，其位置則平分南北，橫貫中原。在河南陝西境內者，原作東西走向，及至甘肅南部，驟變為西北走方向，與祁連山遙相呼應。轉折最烈之處為武都西和文縣成縣一帶。地震記載之最古者為漢高后二年（紀元前一八六）武都之震，歷時數日，山崩地裂，死七百六十人；及晉太康七年（二八六）成縣之震。由是自明崇禎六年（一六三三）至光緒七年，二四八年間，共有災震五次。其中最烈者為光緒五年之震，階州文縣皆山崩地裂，階州死萬人，文縣死萬餘人。嗣後屢有餘震，至光緒十五六年為最近之一次。

一〇、甘肅武威折斷帶……武威區，狹義言之，卽涼州附近；廣義言之，可向西延長，包括甘州肅州一帶。祁連山之地質，太古界片麻岩，極為稀少，古生代以上之水成岩，格外完備，且曾受極烈之褶曲與斷烈，北方之合黎山亦同。南北高山聳立，中隔一道平路，自涼甘肅諸州直至安西，為中國通中亞之孔道；此孔道之生成，當與山脈平行之斷層陷落，頗有關係。是區歷史上之地震，今未暇詳考；惟民國十六年五月之震，災象至烈，震區包有武威金塔循化湟源大通燉煌等縣。其中以武威為最烈，一時山土崩塌，日暗無光，田地罅裂，有多數湧出黑水，全縣人口死亡二萬五千餘人，馬牛羊畜二十二萬頭，倒坍村莊一萬九千餘座，房舍四十一萬八千餘間，其他各縣尚未計入，亦云浩劫矣！

一一、河南南陽折斷帶……秦嶺東延而爲熊耳伏牛，伏牛山脈至方城南陽截然中止，轉向南移而爲桐柏山脈，此兩山脈移離之點，似即地震帶也。其過去之地震，惟順治十七年（一六六〇）南陽之震耳。

一二、安徽霍山折斷層……桐柏山脈之在豫鄂兩省間者，原作西北而東南向，及入皖境，在霍山潛山間，方向突變，成爲西南至東北走向；轉折角度，幾逾九十。其間地震，發生頻數，自明萬曆十三年（一六一五）至民國六年三〇二年中，地震五次，惟多屬微震，爲害不烈。

一三、四川南部斷裂帶……滇蜀間之金沙江，曲成弧狀，凹側向北，沿此弧形，有一極大「逆掩斷層」，使江北川南之高原移向西南。與此「逆掩斷層」相關係者，或尚有其他斷層。是區地震，自古已著，最早者爲漢河平三年（紀元前二六年），犍爲之震，唐貞觀十二年（六三八）西昌松潘之震，及元和九年（八一四）嶲州（西昌）之震，自明成化十四年（一四七八）至萬歷三十八年（一六一〇）一三二年間，大震五次。

一四、雲南東部湖地斷裂帶……雲南東部大斷層甚多，距發生之時不遠，故地震特烈。斷層結果，大抵旁昇中陷，形成地塹，流水匯瀦，遂成湖泊。約言之，重要斷層可分三系，一南北走方向，一西北至東南走向，前者產生撫星楊宗等湖，自東川以迄通海，南北延長逾三百公里。稍東，又有斷層一，延長二四〇公里。復東則有彌勒斷層。第二系之斷層，在建水蒙自一帶見之，亦多陷成湖地。自明宏治七年（一四九四）至清宣統三年（一九一一），四一九年間，是區共有大災震二十四次，其中以明宏治十二年宜良之震，萬歷三十四年健水之震，清道光十三年路南澂江間之震，及光緒十三年石屏之震，較爲劇烈。

一五、雲南西部湖地斷裂帶……大理麗江一帶，多狹長湖地，如劍海洱海等是也。與東部相似，其構造多斷層，災震頻仍。自明成化十年（一四七四）至清宣統末年，共有大災震十九次。民國十四年三月十六日之震，尤爲劇烈；續震二日，被災七縣，卽大理鳳儀彌渡祥雲賓川蒙化及鄧川，災區縱約二百餘里，橫約八十餘里，人民死傷總數約達二十萬人，地震之後，繼以大水，災情至慘。

一六、廣東瓊雷斷陷帶……雷州半島與海南島，相隔不逾三十公里，頗近於斷層陷落，因而不相聯屬。重要地震，如明嘉靖五年儋縣之震，萬歷三十三年瓊州之震，雍正二年又震，歷次俱有傷亡人畜房屋。

一七、福建泉汕沿海陷落帶……福建泉州以迄廣東汕頭，其間海岸曲折，多經崩落，自古以來，地震數發。如宋治平四年（一〇六七），閩南各縣之大災震，其中以汕頭爲尤甚，地裂泉湧，房屋傾坍，人口傷亡甚衆。元至元二十七年（一二九〇），武平泉州人民，因地震死者七千餘人。明正統十年（一四四五），漳州龍岩震百餘日，鳥獸驚走，山石崩墜，房屋盡毀。萬歷三十二年，泉州海陸搖動，城中尤甚。民國七年，泉漳俱震；蓋亦地震頻繁之區也。

右上所舉，自其地質構造上而區別之，其主要種類有（一）發生地塹之垂直斷層，如汾渭地塹，雲南湖地皆是也；甘肅涇源或亦近似，地震多而且烈。（二）秦嶺山脈之折斷處，如甘肅武都及安徽霍山是。（三）水平移動之大斷層，且或更有較新之垂直斷層，如賀蘭山及川南是。（四）沿海陷落地，凡山東登州及閩粵沿海屬之。

此外，新疆及川邊之鑪霍、道孚，亦有地震。又南京揚州之間，湖南湘水上游，與福建長汀，甘肅西寧涼州肅州等地，微震亦頗頻繁，茲不具引。

第二章　中國天災之深廣度

第一節　歷史上之水旱災荒

吾國因位於季風區域，雨水失調，溝洫不通，而國人又缺乏改造環境之能力，以致水旱頻仍，顆粒無收，災黎死亡泰半，成爲一部世界最慘酷之天災史；此一部天災史，較之殺人盈野之爭戰史，尤爲劇烈，尤爲傷心！

竺可楨博士嘗就中國歷史上之水旱災作一統計；中國本部十八省自一世紀至十九世紀，水災次數計凡六五八次。其中以河南最多，達一百七十三次，其故由於開封附近，爲黃河屢次決口所致。（自春秋以來至光緒十三年黃河在開封附近決口，達五十六次之多）。次爲河北，一百六十四次；又次爲江蘇，一百五十三次；又次爲山東，一百十八次；再次爲安徽，一百十五次；此則由於黃河淮河汜濫所致。其餘爲浙江一百零四次，湖北八十四次，陝西七十七次，江西七十五次，湖南六十三次，山西六十二次，福建三十七次，甘肅三十二次，雲南二十五次，廣東二十四次，四川十七次，廣西與貴州爲最少，一爲六次，一爲五次，試觀左表。（採自竺可楨博士歷史上氣候之變遷一文）

	河北	山東	山西	河南	江蘇	安徽	江西	浙江	福建	湖北	湖南	陝西	甘肅	四川	廣東	廣西	雲南	貴州	總數
一世紀				二															四
二世紀	二	三	一	一〇						三	三	二	一						一八
三世紀	二	二		七	一	二			一	二		一	一	一					一五
四世紀		一		一	一	一					一								五
五世紀		二	一	一	一〇	一		二											一八
六世紀		一										一							一〇
七世紀	二	一		三	一	一	一	一				四		一					一三
八世紀	二	一	一	六	一	一	一	一		一		三							二一
九世紀	二	三	一	三	二			二				八		一					二四

十世紀	十一世紀	十二世紀	十三世紀	十四世紀	十五世紀	十六世紀	十七世紀	十八世紀	十九世紀	共計
五	九	四	七	一八	一二	一	二四	三二	五二	一六四
八	四		二	一七	二	二	一四	二〇	三五	一一八
一	四		一	三	五	三	六	二	二四	六三
一五	一九	五	六	二六	一三	二	一四	一九	三二	一七二
一三	一三	一三	二	一三	一三	二	二八	三七	四二	一五二
四	四	六	一三	四			一五	三一	四二	一一五
	三	八	二	四		一	一九	八	二八	七五
	二	一八	一〇	五	三	四	一三	一六	二七	一〇四
	二	六	一	二	四	三	八	二	八	三七
二		五	二	四		二	一三	一四	三六	八四
三				四		二	一〇	七	三三	六三
一	三	四	三	三		六	九	五	一四	七七
三		三		五			一	二	一七	三三
		四			一		四		五	一七
一			一	一	一	三	一	七	九	二四
一					一	一	一		三	六
					三	三	四	二	四	一六
									五	五
三六	四一	五六	四三	五七	二四	四三	六七	七一	八一	六五八

旱災計凡一千零十三次，亦以河北最多，達一四四次；次河南，一四三次；浙江一一九次，山東一一二次，江蘇一〇〇次。又次爲湖北九三，陝西九二，山西八六，安徽八二。再次爲福建四九，湖南四七，

江西四四，四川三〇，甘肅二八，廣西二三，其餘惟只數次十數次。若自東晉迄今，每百年平均有四十九起，黃河流域各省每世紀平均有八次，長江流域諸省五次。左爲中國歷代各省旱災次數表。

	河北	山東	山西	河南	江蘇	安徽	江西	浙江	福建	湖北	湖南	陝西	甘肅	四川	廣東	廣西	雲南	貴州	總數
一世紀		一		五															一五
二世紀			一	一四	一														三五
三世紀	二	一	一									二							二四
四世紀	一	一	一		三		一						一						四一
五世紀				二	六							一							三六
六世紀	一		一	一	一							四							四一
七世紀	三	五	四	三	一	一				二		五		五					四三
八世紀	二	一	一	一	二	二	一	一	一		一	五	一						四一
九世紀	一	三	五	八	九	一〇	五	八	三	三	四	三							四三
十世紀	六	五	五	三〇	四	五	一	二		二	二	六				一			六四

十一世紀	一四	二	一	二三	三	七	一	四		二	二	八		二					六九
十二世紀	三	四	一	二	一七	一八	二五	一九	六	五	七	六	四	一〇					七六
十三世紀	二三	八	三	三	一〇	二	六	七	六	五	二	六		四	三				七三
十四世紀	一六	六	一〇	三	六	四	二	六	四	一〇	五	九	五	二	三	五			五九
十五世紀	七	五	七	四	三	三	二	一	四	一五	九	七	一	二	二	二	二		五四
十六世紀	五	四	八	三	四	二	九	三	一三	二三	四	九	一	二	六	七	一〇	二	八四
十七世紀	五	二	一三	一	二	一	一	三	五	八		四				三	五	一	八〇
十八世紀	八	八	三	二	五	五		八	五	四		一	六	一		一			三三
十九世紀	四七	三〇	三	三〇	二四	三	三	一五	二	一四	二	一六	九		二	四	一		五九
共計	一四四	一一三	八六	一四	一〇〇	八三	四四	一一九	四九	九三	四七	九二	二八	三〇	一六	三三	一八	三	一〇一三

右上二表，如一、災害之程度不同，二、區域大小之不同，三、各省人口多寡交通便利之不同，四、各朝記載詳略之不同等等關係，報告或感未周，統計因而發生困難；然得此歷史上水旱災情可以概見矣。

華洋義賑會祕書馬羅來氏(W. H. Mallory)，在其中國災荒之原因一文中所記載：謂中國自紀元前一〇八年至紀元後一九一一年止共有一千八百二十八次災荒（包括水，旱，風，霜，雹，蝗，兵，匪）平均中國十八省區每年必有一省罹災人民因災荒而死亡者僅一八七七年至一八七九年之三年間，已達九百萬至一千三百萬人之衆是歷史上因天災而犧牲者，誠不知凡幾！

第二節　近三十年來之浩劫

西人喻中國之內戰爲「秋操」，以其循環不息也。某君則以天災流行，譬爲中國之「例行故事」。蓋自二十世紀以來，水旱蝗蟲霜雹颱風地震等災患，無年或息，舉其災情較爲重大者，則有光緒三十一年（一九〇五）及宣統二年（一九一〇）淮沂泗流域之水災，宣統元年（一九〇九）甘肅之旱災，災民數千百萬，死亡不可勝計。此僅就潦旱而言，其餘蝗雹等災，尤屬例外。

民國成立後，首有二年河北之水災，居民流離失所者不計其數。長江流域，又有淮河之氾濫，在安徽淹滅一萬零四百七十方哩，在江蘇淹滅二千三百方哩。六年，河北又告水災，被災者五十餘縣，殃及津沽危及京華。七年，魯贛湘鄂浙亦各告災。十年，蘇皖魯同時洪水氾濫，秦豫直魯晉五省，亦以旱魃聞亢旱幾達二年（一九二〇——二一），災情尤為慘酷，據調查報告如左。

省分	河北	河南	山東	山西	陝西
災區	九七縣	五七縣	三五縣	五六縣	七二縣
災民數	八、七三六、七二二	四、三七〇、一六二	三、八二七、三八〇	一、六一六、八九〇	一、二四三、九三〇
中外賑款	八、七五二、八五五元	三、六六二、一四四	三、〇三七、二五九	二、四一五、五六二	一、〇五九、五〇〇

民國十三年，河北大水災，被災面積達五千方哩，損失在一二五、〇〇〇、〇〇〇元以上。越年，江西大水，贛州附近數百里良田，盡成澤國。民國十五年夏秋之交，山東南岸堤壩被水沖塌，淹沒面積八百方哩，損失二千萬元以上。十七年，長江下游被水災者達數萬方哩，而十七年至十九年之西北大旱災，尤為中華歷史上少見之浩劫。其區域包括河北山東陝西河南安徽甘肅熱河察哈爾以及江蘇之北部，受災最劇烈之地，首推陝西甘肅，次為山西河南等省：『居民初以樹皮草根果腹，繼則賣兒鬻女以圖苟活，終則裂噬死屍，易食生人』！此陝西之慘狀也。關於甘肅者，如『亢旱特甚，春

麥無收』。在山西者則『田苗枯萎，秋冬又無雨雪，宿麥不能下種；農時既失，根源復斷，穀價騰飛，樹皮草根掘食殆盡』。當時陝西災區人民『處處折屋售木以充逃走之資』。其景象則『道無行人，村無完屋，舉目無煙火者』！據十九年調查，西北大旱所受災民人口數如左。

省別	全省總人口	被災人口數	百分數
陝西	一一、四六〇、五九六	五八四、五二六	四八·七八
河北	二七、八一九、一二五	一、五三八、二八四	五·五三
山西	一一、六九三、九九四	二一、一〇三、〇一三	一八·〇〇
察哈爾	一、九四六、四三六	四〇五、三四七	二·〇八
綏遠	一、九一三、四九〇	一、三八三、八一九	七二·三二
湖南	二一、四八六、四八一	七四五、七四九	三·四七
安徽	二一、四八六、四八一	七四五、七四九	三·四七
山東	一七、九三五、七五八	四、一〇六、〇三一	二二·二八
合計	一二五、四三七、〇三二	二〇、四二三、八〇八	一六·二八

簡言之，民國十七——十九年之西北大旱災，有五千餘萬人遭受凍與餓的侵襲，數千數萬人流落於他省，其犧牲於災疫之下者尤不知凡幾！民國二十年，中國本部又罹空前之大水災，災區十八省，就中以皖湘豫蘇鄂贛閩浙冀粵等十省爲較重；而皖贛鄂蘇湘五省，以地濱江淮，受災尤烈，豫浙各省次之。據水災救濟委員會調查，被災田畝面積及財產等等之損失，列表於左（面積單位平方公里）

省份	被災縣數	全省原有面積	被災面積	百分數	被淹田畝	財產損失估計（元）	全省原有人口數	被災人口數	百分數	淹沒人口	百分數
安徽	四四	一五八、〇〇〇	五八、六四二	三七・一	三一、一四〇、三〇七	三〇〇、七〇〇、〇〇〇	二一、七一五、三九六	九、六三二、〇七〇	四四・五	二三、八六二	〇・一一
湖南	六六	二〇三、六五四	五〇、〇〇〇	二四・五	七、五八九、三〇〇	一九〇、三〇〇、〇〇〇	二一、四九四、八三四	六、三六八、九八四	二九・六	五四、八三七	〇・二六
河南	六九	一四三、五〇〇	一一四、七五一	七九・九	三一、〇五一、四三〇	一一〇、八〇三、二六〇	三二、〇〇〇、〇〇〇	九、四九六、〇五八	二九・六	一一四、〇〇〇	〇・三六
江蘇	三六	八六、五〇〇	三七、三〇〇	四三・一	二六、九三九、七〇〇	三五四、三三五、一〇〇	三三、一二八、二三六	六、九〇二、七一〇	二一・四	一四、〇三二	〇・〇四
江西	一八	一五〇、八五〇	九、三九四	六・二	四、六三一、五〇〇	四三、二九〇、〇〇〇	一三、六四六、九八四	二、〇一九、〇〇〇	一五・九	四、六二八	〇・〇四
湖北	四八	一五三、〇〇〇	四四、〇一五	二八・七	二三、五九五、四三五	五一八、四四四、九〇〇	二六、一七七、七八七	八、二六三、五七七	三一・六	五〇、八〇七	〇・二二
浙江	九	八二、〇〇〇	四、五一四	五・五	二、七八八、七六〇	五八、八七七、〇〇〇	二〇、六三二、七〇一	六一八、五〇〇	三・〇	三二九	〇・一五
合計	二九〇	九七七、五〇四	三一八、六二九	三二・五	一二七、七〇六、四五三	一、五七五、三三〇、三六〇	一六六、七九五、九四一	四三、三〇〇、八四九	二五・九	二六五、一五四	〇・一六

據賑務委員會調查，民國十七年至二十年之災情；十七年全國被災二百零三縣，與全國之一九三六縣相較，居百分之十又四；是年全國災民爲四千零四十六萬六千五百九十八人，與全國總人口之四萬七千萬較，居百分之八以上。十八年，全國被災縣數突增爲八四一縣，實佔全國縣數百分之四十三強，是年災民反減爲三千八百七十餘萬，此或因有數省未報之故。十九年，全國被災縣數爲八三〇縣，災民約六千萬人。民國二十年之大水災，災民達一萬萬以上。

民國二十一年，可稱爲五年來之小康，然吉林黑龍江山西雲南各省有水災，陝西有旱災，河北則各河決口，江西亦以旱災聞，災區達七省，災民數千萬人。而米產各省因米價跌落，豐收反而成災，使農民所受之痛苦，不亞於災害之年。

民國二十二年，全國各省區又紛紛告災，其災情之慘酷，雖不若民國十七——十九年西北之大旱，二十年長江流域之氾濫，然而災區之廣，各種天災之齊臨，已足使中華民族之元氣大爲損傷矣！茲爲敍述便利起見，分區錄要如左。

一、黃河流域　黃河流域包括青海甘肅寧夏綏遠陝西山西河北河南山東等省，近年來，是區無省無災，受災之深，最爲嚴重，災之種類亦最爲衆多，如水，旱，霜，雹，蝗蟲，大風，地震等，應有盡有。

受災最重者，首推陝西，自民十七以來，年年皆遭旱災，延至二十二年而尤烈。入春以來，雨澤極稀，農作物全數枯死。及入夏，氣候驟變，寒冷，霜雹，風暴，接踵而至。被災區域，達六七十縣，渭水以北十餘縣，顆粒無收，民困已極。詎知以旱魃著聞之陝西，忽於七月間大雨連綿，山洪暴發；以致境內大小河流泛濫爲災，田園廬舍，人畜物產，損失極鉅。尤以渭水一帶爲甚；例如在涇陽之橋底鎭，發現流屍一千餘具，三原東北樓底村四五千具。據查韓城有災民八萬人，財產損失五百萬；朝邑災民五萬，財產損失四百餘萬；平民災民一萬五千，財產損失百餘萬；潼關災民七八千，損失五六十萬。此外，災情較重之涇陽三原等處，尚無確實數字。全省被災之區計水災三十五縣，旱災十三縣，霜災三十一縣，風災三十七縣。

綏遠於十七八年間，亦備嘗旱魃之苦。民國二十一年，似略有轉機，但粟賤傷農，亦演成豐收成災之奇特現象。今年水患又臨，沿河各縣，大部被水淹沒，而包頭薩托等縣，受災尤重，河套五原，亦未覺稍輕，秋收無望，渠道均被破壞，非一時所能恢復。

山西雖免旱魃之苦，而冰雹洪水，相繼爲災。太原附近，冰雹紛降，大者如卵，待收之農作物，大半被毀。七月間，繼以霪雨，山洪暴發，汾河大漲，沿岸二十餘村房屋人畜損失甚鉅，同蒲鐵路及各公路之橋樑電桿，沖毀大半，全省交通因之停頓。黃河上游之保德柳林一帶，則因堤防潰決，數百里間盡成澤國，居民溺死者達二千人以上。

河北全省到處有水患，永定河流域，農田被淹沒者約五千頃，北運河六千五百頃，南運河五千頃，子牙河二千頃，大清河七千頃，滹沱河七千頃，薊運六千頃，共達四萬頃。滄縣因河隄潰決，一夜之間淹沒數十村莊。隆平縣冰雹之災方去，水患又來，積水方乾，風雹蝗蟲繼至。新城武新香河等縣，運命皆同。濮陽長垣東明三縣，則因八月間黃河氾濫，在長垣決口，受災尤重，房屋概被沖毀，人民緣樹求生。

甘肅全省爲縣六十五，受災者五十餘；蝗蝻，冰雹之災，各縣俱已波及。三月間又久旱不雨，禾苗枯萎；其後繼以暴風雨，氾濫橫流，屋宇田園，多被淹沒。此外遭地震者又有七縣。

河南在上半年之災荒，計旱災七縣，霜災四縣，雹災十一縣，風災六縣，蝗災三縣，水災十一縣。此外，黃河氾濫之縣區，猶未計及。以滑縣而論：災區面積五千餘方里，災民三十餘萬，淹沒田禾損失約值八百餘萬元，財物牲畜約一千餘萬元，淹死牲畜一萬五千頭，計值七十五萬元；淹沒房屋四十五萬餘間，約值一千三百餘萬元，財產損失總計約三千餘萬元，死亡人數約萬餘人。所受黃水氾濫之縣分達二十餘縣，被淹村鎮數在二千以上，南自廣武，西至鞏縣，二百餘里間，一片汪洋。

山東因黃河決口受災最慘，災區二十餘縣，災民百餘萬人。如壽張全淪於水，共淹地九百餘頃，三百八十五村，二萬四千餘戶，災民十萬六千餘人，損失六百四十餘萬元。東阿被淹四十二鄉，二百零三村，災民一萬一千餘戶，七萬餘人，淹沒田地二千四百餘頃。陽穀被災區域佔全縣四分之一，災民二萬餘人，被淹田地在一千頃以上，損失一百四十餘萬元。范縣被淹三百四十村，一萬餘戶，災民九萬三千餘人。荷澤之一千八百村，淹沒五分之四，損失在三千萬元以上，災民三十餘萬人浸在水中苟延殘喘者，達四十萬人。

二、長江流域　長江流域包括四川湖南湖北江西安徽江蘇等省，所遭災患，計水，旱，雹，風，蝗，地震等，其中以湖南災情較重。

湖南於入春以來，即遭旱災。入夏後，大雨連綿一月，遂使湘資沅澧四大河流同時水漲，長江西水倒灌，洞庭湖水勢無法宣洩；於是洪水氾濫橫流。沿河及濱湖一帶田園廬舍，漂沒殆盡，較之民國二十年之大水災有過無不及！災區廣達三十餘縣。沅江縣大水漲到樓簷，全市居民皆避居樓房或屋頂之上，商店所有貨物，或淹沒無存，或糜爛侵蝕，成爲廢物。湘陰一帶，被災田地數千畝，收成無望，其未被水災之地，則遭風，蟲，冰雹之災。新化縣大半鑛窟被水淹沒而不能工作，損失在十萬元以上，工人失業者數千人。衡陽一縣災區達千方公里，災民三萬四千餘人，房屋財產損失一百餘萬元，被淹田畝四萬六千餘畝。

湖北自入夏以來，連日霪雨，且揚子江上游之水，奔騰而下，以致江水暴漲，沿江各縣，多被淹沒。武昌金水閘，被水沖毀附近一帶，損失甚鉅。竹山附近數縣，即遭旱荒。間有數處，大受蝗蟲冰雹之災。

安徽全省計受旱災者八縣，水災十餘縣，蝗災二十餘縣，雹災十一縣。其中以雹災損失特鉅，如皖北之懷遠及鳳陽霍邱等縣，皆遭極重大之襲擊，自蚌埠至明葭長百餘里寬三十里一帶之麥莖，全被冰雹打毀，收成幾絕。蝗災最重者爲合肥來安全椒五河盱眙定遠等縣，農作物一掃而空。水災區域以懷寧損失為鉅，被淹三萬餘畝，被災一萬餘人。洪河淮河谷河一帶，麥苗被水淹沒者計洪河沿岸十六萬餘畝，谷河四五萬頃，淮河二十餘萬畝。徽屬休寧一帶因山洪暴發，沿新安江流域各村房屋被水沖毀者十之六，田畝被淹沒者十之九，受災面積達四五百方里，災民十萬人，損失三千萬元以上。

江蘇北部徐屬，入夏則月餘不雨，秋禾枯槁。繼則蝗蝻蔓延十餘縣，食傷禾苗極多。宿遷沭陽一帶，始則霪雨連綿，低窪之地，田園被淹。入夏以後，又遭大旱，三月不雨，蝗蟲又乘機入境，嚙食田禾。南部如崇明川沙南匯等縣，均受颱風海潮之災，損失難以數計。

四川水旱較輕，而地震特重；松茂屯區地震，疊溪全境陸沈，周圍將近百里。餘如沙灣樟腦樹廠等地，並淪為澤國，損失之重，為近百年來所未有。灌縣因內戰關係，隄堰被決，沿河十餘縣，泛濫成災。

江西遭水災者十四縣，損失數百萬，被災十餘萬人。

三、粵江流域　粵江流域包括廣東廣西雲南貴州等省，除廣西以外，皆有被災消息。

貴州自一月至七月間，計有旱災十三縣，雹災三縣，水災四縣，風災三縣。七月以後，黔北之遵義桐梓湄潭鳳泉，黔東之松桃江口思南省溪沿江印江婺川等縣，又受泛濫之禍，田禾畜牧，漂沒殆盡，難民流離展轉，無以爲生，爲貴州前此未有之浩劫！

雲南自入春卽亢旱爲災，春收如豆麥之類均告枯萎。六月後，氣候轉變，霪雨旬餘，山洪暴發，竟成水災。昆明附近之盤龍江金汁河西霜河，先後決口，數十萬畝良田，均被淹沒，村莊房屋，被水沖毀者不知凡幾。安寧全縣，盡淪於水。

廣東水旱害蟲俱烈。東江流域，入春則久旱不雨，水田龜裂，早稻無法下種，災象已成。其後忽又大雨連綿，上游各縣，釀成水災，田園房屋，概被淹沒。北江水勢尤大，沿岸稻田，悉淪於水，佔全縣十分之七。西江爲災更甚，廣三鐵路曾被沖毀，下游佛山一帶禾田被淹沒者達十分之八九，早稻損失至重。潮梅各縣，則完全遭受旱災，秧苗枯萎，果樹甘蔗，亦難起色。潮陽惠來饒平澄海濱海各縣，因上游水量稀微，乃以海水灌田，竟因鹹質之故，禾苗俱爲霉爛。潮陽更發生一種類似蝗蟲之害蟲，從泥中鑽出，先吃稻桿，稍長生翼，則具飛徙之性，禾苗受損甚鉅。

福建全省俱遭旱災，閩北顆粒無收，閩南十損八九，如閩北屏南縣，共有八萬戶，有粥度日者不及五千戶，且皆閉戶靜臥。不敢啓栓；蓋恐偶一開門，餘米即爲飢民搶盡。災民皆以野草充飢，劃疆分界，不許越步採摘因而釀成械鬭及誤食毒草斃命者日有所聞！全縣停止貿易，商店閉歇，人民大批逃往外縣，災情劇烈之程度，可想而知。

此外如青海之旱災，寧夏之水災旱災；浙江之水災，莫不到處有災。總計全國受災之地，多達二十省，損失在數百萬萬元之上，災民一萬萬餘人，佔全國總人口四分之一。此一萬萬餘人民，非漂浮於洪水之中，即棲身於赤炎而荒涼之大地，生機危絕，僅藉草根樹皮以苟延殘喘，其並草根樹皮亦求不得者，則惟挨餓以死！

民國二十二年已成過去，然此「例行故事」，則繼續重演於民國二十三年之中華民國各行省中。據政府調查，是年夏三個月中之水旱損失已達十萬萬元以上，災區幾及全國三分之二，計受亢旱者十四省，爲縣三百四十三；受水災者十三省，爲縣十二。其中災情最烈者爲江浙皖三省之旱災。如皖南『徽屬自黃梅至新秋，迄無甘霖下降，水源涸轍，河流日淺，禾苗焦捲，田土多揚白色塵灰，災情之重，災區之廣，爲洪楊以來七十餘年所未見』。據中央農業實驗所調查：受災田地面積，蘇爲

四九、四五三、〇〇〇市畝，浙二一、七九〇、〇〇〇市畝，皖三七、〇二七、〇〇〇市畝，受災總田地面積百分率，蘇五四，浙五三，皖六九。主要作物損失總估計蘇二萬一千八百餘萬元，浙一萬六千四百餘萬元，皖三萬四千六百餘萬元。贛北一帶，受災亦酷，而以九江爲最；『遍地皆赤，顆粒無收，災民載道，悲慘異常』。災區達六十餘縣；九江等縣農民，多因飢餓憤而自殺。貴州則水旱肆虐，災區廣達四十縣，佔全省二分之一；『受災之重，超過六十年來之紀錄』。浙江旱災亦極嚴重，而以海寧爲尤甚。海寧濱海，海塘堤綿亙，地形高峻，平時水利已感不充。是年亢旱至三月之久，飲料尚感恐慌，何況其他。農民以連年絲繭低落，今年尤跌，僅與棉花相等，且無人過問，早已精疲力竭。乃本年大旱，又在稻作期間，遂致顆粒無收，即平昔賴爲副食之南瓜芋艿，玉蜀黍，無一不旱殺。因之災區飢民，遂生坐大戶之風，硤石袁化二處，每結隊五六十人，男女老少俱有，搶米坐飯，漸及衣物。凡鄉民目中認爲殷實者，無不遭劫。其不甘自墮落者，則偃臥牀上，忍飢挨餓，至忍無可忍，乃出於自殺。自殺以縊死爲多，蓋服毒尚需錢，投河則枯涸無水也。百業蕭條，市場冷落，誠浩劫也！安徽之災象爲『自四月以來，旱魃肆虐，四鄉之田盡皆龜圻，農民因秋收絕望，甚有全家自殺者』！

洪水之禍，以河南山西四川河北廣東等省爲烈；山西，『入夏以來，各縣因春季無雨，均感奇旱；不料晉南晉北各縣，近因大雨時降，山洪暴發，以致河水泛溢，竟又成災，田禾房舍人畜財物等，損失極巨』。被災區域爲夏縣崞縣安邑保德五臺平陸應縣等縣，災民五六十萬人。冀北則天陰多雨，連綿不斷，大清永定等河，無不泛溢成災，長垣縣境之黃河又告決口，瞬息之間，全境淪爲澤國，損失之大，不亞二十二年。四川之沱江泯江，亦因霪雨不息，氾濫成災，災區廣及綏宣萬源廣元南江什邡廣漢彭縣新繁溫江等縣。『人民田廬沖毀，器物蕩然，生者露宿飢寒，朝不保夕；死者屍骸蔽流，掩埋不及，滿地哀鴻，情極悲慘』！廣東東江下游，東莞惠陽等縣，俱罹水災；惠陽城內水深丈餘，高與簷齊，災後十室九空，難民棲息山崗，待哺嗷嗷。餘如東北四省之遼寧吉林黑龍江及熱河，亦以洪水肆虐，損失不貲。

風災則有粵南之颱風，青島之風暴。廣東欽州防城縣，地瀕東京灣，五六月間水災後，七月杪，又發生颱風爲災。七月二十八日下午一時許，颱風吹至，其勢之猛，爲數十年來所未見；一時塌屋聲，居民呼救聲，與虎虎風聲，互爲呼應。旣而風勢愈劇，拔木沈舟，房屋坍塌，全縣屋瓦，大半爲颶風席捲而去，損失至鉅。青島於九月三日下午，驟降大雨，兼有暴風，雨量之大，爲向來所罕有，公路積水尺許，儼若澤國，民房被雨水沖倒者，到處皆是。田禾亦均被水淹沒。勞山附近果樹，被風摧折，損失鉅大。市內電桿，亦吹折甚多。而海中風濤更爲險惡，民船被浪激沈者不可勝數，總計公私損失不下七八十萬元。

由是觀之，民國二十三年之災情，蓋不減於二十二年之劇烈也。天災，已成爲中國之「例行故事」，此「例行故事」一日不停止，中華民族將加受一重之浩劫！

第三章　天災流行對於農村經濟之影響

董汝舟君在其中國農村經濟的破產一文緒言中有云：『民國成立以來，中國的政治，經濟，社會，教育各方面，都變了一團糟糕；一般憂國之士，莫不舉首蹙額的喊着：「中國的危機到了」。地大物博，人口衆多的中國，竟會發生什麼危機呢？原因又在那裏？這個問題，眞正難以回答。或者這樣說：「中國的危機，是從民族的精神不振，和國民道德墮落的現象產生出來的」。這種答案，過於抽象，而且不是根本的原因。中國的危機，決不是因爲民族的精神不振，也不是因爲國民缺乏禮義，廉恥，種種的美德；而是因爲農村經濟的基礎，已逐漸的動搖，且有瀕於破產的趨勢。歷史上的政治革命，都含有多少社會背景，而且可以說大多數是以農村經濟爲背景：「饑饉之年，天下必亂；豐收之歲，四海承平」。這正是農業國家的政治寫眞。所以我們要認淸目前中國的危機，是農村經濟的基礎動搖，因爲農村經濟的基礎動搖，政治腐敗，社會秩序紊亂，教育破產，種種現象，層見迭出；遂使危機達到深刻的程度。因此解決農村經濟問題，是今日的唯一工作』。此誠爲一針見血之言，扼要而中肯。

中國農村經濟基礎之動搖，實由於天災人禍交相逼迫而致；如土地分配不均也，地租之增高也，田賦及捐稅之加重也，高利貸之壓迫也，皆屬人禍中之主要者。然天災之繼續流行，尤足予農民以極大打擊，其遺害之程度較之人禍橫流影響尤切。蓋天災頻仍之結果，農村經濟，遂發現下列各種破綻。

一、農民戶口逐漸減少　時人每謂中國農民佔全國總人口百分之八十以上，假定全國人口總額爲四萬七千四百七十八萬人，則中國農業人口當爲三萬七千九百八十二萬四千人。此種人口總數之估計，是否可靠，另一問題。但以近年來天災循環式之流行，農業人口在全人口中所占百分數，無論如何，決不能達到百分之八十以上。蓋在民國八年間，農民人口減少現象已甚顯著；當年農商部統計所發表之農民戶數爲二千九百五十四萬八千五百二十九人，較之民國三年所發表之五千九百四十萬二千三百十五人，相去甚遠，況民八至民二十之十二年中，水旱兵災，接踵而來，農民之死亡率，必高於生殖率；故農業人口之自然增加率甚低。根據十九年賑務委員會派員所調查之各省受災概況，計全國受災之縣凡八百三十一縣，約佔全國縣分總額五分之二而強；災民總數共四千七百八十四萬六千七百二十五人，約佔全國人口總額十分之一而強而其間尚有一百三十七縣未據報明。若將民十九年被災人數總共推算之，則全國災民當在六千萬人左右。至民十七——十八年之大旱災，被災人數達九千四百萬，民國二十年之水災災民人數竟達八千萬，據主計處統計重災八省中——山東河南安徽江蘇湖北湖南江西浙江——被災之農戶數爲八百五十七萬九千戶，占農民總數百分之二十九。又據金陵大學關於江蘇南部十一縣及北部十七縣之調查，其結果爲：

	農戶總數(百戶)	被災農戶數(百戶)	百分數
江蘇南部	五、三七五	二、二四三	四一・七三
江蘇北部	一五、七九〇	八、七四一	五五・三六

又據金陵大學教授貝克(Professor Buck)調查之結果，被災縣分中死亡人口占全人口百

分之二・二。請觀左表：

省別	被調查人口數	死亡人口	每百人中死亡數
湖南	一一、八九七	三四一	二・九
湖北	九、九五二	三八七	三・九
江西	八、二五四	二一二	二・六
皖南	一四、一五一	二五二	一・八
江蘇南部	七、七〇三	九八	一・三
皖北	一八、六五一	三四一	一・八
江蘇北部	六、四二一	六五	一・〇
各縣平均	七七、〇二九	一、七一〇	二・二

觀上兩種統計，可知天災確爲農業人口減少之重大原因。以農立國之中國農民人口數，竟逐年銳減，且爲率甚鉅，此不能不認爲農村之一重大問題。故目前中國之農民數，決難維持舊狀，卽所謂百分之八十以上爲農民是也。

二、荒地面積增加　因農業人口之逐年銳減，於是荒地面積遂隨之增加；未墾之荒地，固無開發之可能，即已耕之熟地，亦任其荒蕪。今先將各年耕地面積之變化，列表如左。（北京農商部統計）

年份	耕地面積（畝）
民國三年	一、五七八、三四七、九二五
民國四年	一、四四二、三三三、六三八
民國五年	一、五〇九、九七五、四六一
民國六年	一、三六五、一八六、一〇〇
民國七年	一、三一四、四七二、一九〇

從上表觀察，可知耕地面積每年俱有減少傾向，但此已屬陳久材料；以近十年來天災之頻仍，農民痛苦之加重，則耕地面積之更爲銳減，自不待言。如民國十七年國民政府主計處統計；全國耕地田畝計僅一、二四八、七八一、〇〇〇畝，較之民七又已減少七千萬畝。試將六年間耕地面積逐一比較，更可瞭然於耕地面積之漸減傾向矣。

年份	耕地面積對民三之百分比
民國三年	一〇〇
民國四年	九一
民國五年	九五
民國六年	八六
民國七年	八三
民國十七年	七九

次看荒地面積之統計，據北京農商部調查如下。

年份	荒地面積（畝）
民國三年	三五八、二三五、八六七
民國四年	四〇四、三六九、九四七
民國五年	三九〇、三六一、〇二一
民國六年	九二四、五八三、八九九
民國七年	八四八、九三五、七四八

荒地耕地適成相反，耕地面積漸減，荒地則每年遞增。且此又屬十年前之統計，近年來如民國十一年農商部所發表全國荒地面積爲八九六、三一六、七八四畝，較之民國七年已大增加。又民國十九年內政部統計司根據二十一省五百六十七縣之呈報統計全國荒地面積爲一、一七七、三四〇、二六一畝，全表如次。

省名	報告縣數	荒地面積總計（畝）
江蘇	三五	一、〇一五、九〇三
浙江	三五	一五六、八一九
福建	一四	一六、七七四
安徽	三七	五四〇、五四八
江西	四二	二三三、四七七
湖北	九	一、〇二七、〇六四
湖南	八	三九四、三一三
廣東	一四	四、六九四、八六四

貴州	八	一三、三〇五
山東	六五	九、一一八、六一〇
山西	一〇五	九、八六二、八五八
河南	七二	三三一、七七七
河北	六	三、〇八七、二四〇
遼寧	六	一五、五一八、九五三
吉林	二七	一九、九六四、四九〇
黑龍江	五三	五七七、五八〇、〇〇〇
新疆	六	六、七八二
熱河	四	九、七四六、〇〇〇
察哈爾	四	五二〇、〇〇〇、〇〇〇
西康	八	四五六、六六一
綏遠	九	三、一六三、八三六
總計	五六七	一、一七七、三四〇、二六一

右表雖報告未齊，統計不完備，但荒地面積之總計，已比民國三年增至三倍矣。今再將歷年荒地面積作一比較，以明荒地面積遞增之傾向。

年份	百分比	年份	百分比
民國三年	一〇〇	民國七年	二三七
民國四年	一一三	民國十一年	二五〇
民國五年	一〇九	民國十九年	三二五
民國六年	二五九		

由以上四種數字之研究，可知各省耕地之銳減，而荒地之年有增加。據專家推算，全國可耕地約佔全國之五〇%，但目前之耕地面積，只佔百分之一五·四，可知墾殖程度之低。照陳長蘅先生研究結果，全國可耕地面積即使全數開闢，猶嫌不足以維持現有人口數，況人口日漸增加，已耕之地日漸縮小，則農村經濟，尚堪問乎！

三、農產收穫量減少　因農業人口之逐年減少，荒地面積之逐年增加，及天災人禍之頻年相尋，遂使農業收穫量依年遞減。據農商部統計：在民國三年，全國稻米收穫量達二、一三三、四八三、〇〇〇石，及民國九年，已遞減爲八八、七六三、〇〇〇石，六年之間，竟減到二十四分之一。民國十年以來，因天災人禍之故，農業收穫量之減少，更無可置疑。故中國目前本地所產之糧食，絕不足以供半數人口之消費，因之到處發生糧食恐慌。

糧食恐慌之現象，可從民國二十年水災中農產品之損失，及糧食輸入量激增之程度以反映之。民國二十年稻米之損失約六十萬萬斤，高粱小米約十萬萬斤，合計之可供一千八百萬人全年之消費。至於糧食之輸入，自民國元年至十六年之十五年間，小麥之輸入量由二、五九六擔，遞加至一、六九〇、一五五擔，卽遞加六百五十倍以上。同時，米之輸入量亦由二、七〇〇、四九三擔增至二一、〇九一、六九三擔，計增加九倍以上。總計在民國十六年由國外輸入之米麥數，共達二二、七八一、八四八擔，卽將同年由內地輸出之米麥五八二　二六八擔抵除之外，其純輸入數，猶有二二、一九九、五八〇擔之多。其他種類之糧食，尙未計及焉。民國十六年以後，有西北空前之大旱災，河北及長江流域之大水災，加以兵戈時起，遍地萑苻，糧食生產愈爲低降，故輸入食糧之增加迅速，毫無可疑。如民國二十年，洋米入超計一〇、七三六、〇〇〇擔，折合海關兩六〇、二一四、〇〇〇兩。小麥入超二二、一九八、〇〇〇擔，折合八一、七〇〇、〇〇〇海關兩。民國二十一年，入超洋米更達二二、四〇〇、〇〇〇擔，小麥一五、五〇〇、〇〇〇擔。中國既以農業爲經濟基礎，而其主要食糧，尚由國外輸入，其需要程度，且逐年增加，此足以證明中國農村經濟之根本破產！

中國農村經濟既已漸次崩潰，其他各種經濟遂自然隨之衰落，無從進展，而社會之秩序與政治組織，亦因之發生極端之紊亂與動搖。如人民道德之墮落也，知識階級之無出路也，佃農風潮之擴大也，與夫國貨工業基礎之薄弱，及人民購買力之降低等等，百孔千瘡，莫不危機重重。故欲挽救此危機，舍復興農村無由，欲復興農村，當自驅逐天災出境始。

第四章 天災之預防及其救濟策

第一節 驅逐天災與破除迷信

復興農村既以驅逐天災出境爲主要條件，然欲驅逐天災，必先打破「天定勝人」之迷信心理。

我國人民，向來對於天然之壓迫，每任天演之生滅，而無法擺脫，所謂衣食仰給於天者，實即無可奈何之表示。中國以農立國，歐美以工立國，農所依恃者首推自然，勞資次之。農靠自然而自然不外乎氣候，豐年之風調雨順，與夫荒年之水旱交災，影響於農民生計不淺，人民受自然之支配，顯而易見。故管子曰：『天以時爲權，地以財爲權，人以力爲權，君以令爲權；失天之權，則人地之權亡矣』。亦可見天然勢力之偉大，又諺云：『聽天吃飯』。孝經云：『用天之時，用地之利，謹身節用，以養父母』。

天道不時，則萬物消失，是以婦死夫則呼天，水旱疾疫則以爲天災不可抗。實則吾人必須打破此種依賴天然與屈服在天然勢力下之心理與習慣，吾人必須以人力勝天然，吾人更須以人類爲主體而決定一切。

國人心理因受『天災不可抗』之荒謬觀念所束縛，故當天災流行之時，所取方法，只有禁屠，齋戒，沐浴祈禱等佞鬼神之事，試舉例爲證。

大旱祈雨之事，起源極早。周禮司巫云：『若國大旱，則師巫而舞雩』。又女巫云：『旱暵則巫雩』。禮記月令云『命有司爲民祀山川百原乃大雩』。詩桑柔章：

倬彼雲漢，昭回於天。王曰於乎，何辜今之人！天降喪亂，饑饉薦臻。靡神不舉，靡愛斯性。圭璧既卒，寧莫我聽？

旱既大甚，蘊隆蟲蟲。不殄禋祀，自郊徂宮。上下奠瘞，靡神不宗。后稷不克，上帝不臨。耗斁下土，寧丁我躬。

又漢何休注春秋公羊傳曰：

旱則君親之南郊，以六事謝過自責，政不善歟？使人失職歟？宮室崇歟？苞苴行歟？讒夫昌歟？使童男童女各八人而呼雩也。

在君主專制時代，天子撫有兆民，代天行使職權，偶有災荒，卽當引咎自責，故「耗斁下土，寧丁我躬」之口脗，出之於當時之天子，極爲得當。卽在今日視之，亦祇能認爲科學未明，知識不足，要非敷衍之政策也。自來祈雨之誠，無過於北宋之張士遜。宋史張士遜傳：

士遜字順之，……爲射洪令，後知邵武縣，以寬厚得民。前治射洪，以旱禱雨白崖山陸史君祠，尋大雨，士遜立庭中，須雨足乃去。至是，邵武旱，禱歐陽太守廟，廟去城過一舍，士遜徹蓋，雨霑足，始歸。

張士遜之愚雖不可及，而其誠要足嘉，以視普通官吏之祈雨爲循行故事，官樣文章者，已足多矣。

禁屠善政也，若干科學家主張蔬食，不背於衞生，而在人滿爲患之中國，則蔬食尤宜提倡，以日食膏粱之糜費故也。惟禁屠何爲必於旱潦之時，則殊無理由之足言。竺可楨博士謂禁屠與祈雨並提，其俗大抵傳自西域；秦漢之際，未聞有此習俗，六朝梁武帝酷好佛教，捨身同泰寺者屢矣。而武帝天監元年（五〇一）十年，均有事於雩壇。大同五年（五三九）又築雩壇於籍田兆內，四月後旱，則祈雨行七事：一理冤獄及失職者，二賑鰥寡孤獨，三省徭役，四舉進賢良，五黜退貪邪，六命會男女恤怨曠，七徹膳羞弛樂。此與何休注公羊傳所引大同小異，特增六事至七事，而徹膳羞弛樂，爲何休注所無，實開後世禁屠祈雨之濫觴。北齊書：

孟夏後旱則祈雨行七事，七日祈嶽鎮海瀆及諸山川，能興雲雨者，又七日祈社稷及古來百辟卿士有益於人者，又七日乃祈宗廟及古帝王有神祠者，又七日乃修雩祈神州，又七日仍不雨，復從嶽瀆以下祈禮如初，秋分以後不雩，但禱而已，皆用酒脯，初請後二旬不雨者，即徙市禁屠。

自是禁屠祈雨之事，遂爲後世遇旱之例行故事，主政者之是否誠懇另一問題，而迷信心理，則與祈禱無以異也。但祈雨之迷信，尚有甚於禁屠者，民國十三年湘省旱災，省當局迎陶李兩眞人神像入城，供之玉泉山；不雨，則又向藥材行借虎頭骨數個，以長索繫之沈入城內各深潭之中，冀蟄龍見之，相鬬必能興雲佈雨，又無效，則迎周公眞人及所謂宅龍將軍者，並供之於玉泉山廟；仍無影響，則又就省公署內設壇祈雨，按照前清紀文達公愼齋祈雨印本。至七月十四十五，長沙一帶，卽有驟雨；夫長沙既不在沙漠帶內，則在盛夏之際天天祈雨，當必有奏效之一日也。又民國二十三年夏，閩北大旱，福州西北各鄉農民，召集千餘人；『身穿白衣，足着草鞋，手執草旗竹枝，或肩扛柴掉，上撮田土數塊，插以線香蠟燭，供奉龍王神位。最後則擡鼓山白觀音，或臨水陳太后，北門梅柳奶，西門張眞君各神像，隨以鑼鼓，沿途大擂，並跟法師數人，頭包法額，身穿法衣，腰圍法裙，左手持角，右手執劍，一路踽步緩行，至台江南岸之龍潭角，設壇作法，由法師畫符念咒，農民則執香匍伏江干，狀極虔誠，每天均由早晨祈至傍晚方畢。並將神像擡入省縣政府，要求主席縣長出爲行香，但連祈數天，毫無影響……』。此外，上海有班禪之唪經祈雨，張天師及理教會之設壇祈雨，省縣政府之佈告禁屠祈雨等等，不勝枚舉。

蝗蝻之害，盡人皆知，然農民反因而畏之敬之，如唐姚崇傳：『開元三年，山東大蝗，民祭且拜，坐視食苗，不敢捕』崇奏『詩云「秉彼蟊賊，付畀炎火，漢光武詔曰「勉順時政，勸督農桑，去彼螟蜮，以及蟊賊」，此除蝗證也。且蝗畏人易驅，又田皆有主，使自救其地，必不憚勤；淸夜設火，坎其旁，且焚且瘞，乃可盡；古有討除不勝者，特人不用命耳。乃出御史爲捕蝗使，分道殺蝗」。汴州刺史倪若水上言：「除天災者當以德，昔劉聰除蝗不克而害愈甚」。拒御史不應命。崇移書謂之曰：「聰僞主，德不勝妖，今妖不勝德，古者良守，蝗避其境，謂修德可免，彼將無德致然乎？今坐視食苗，忍而不救，因以無刺史，其謂何」。若水懼，乃縱捕得蝗四十萬石。時議者喧嘩，帝疑，復以問崇。對曰：「庸儒泥文不知變，事固有違經而合道，反道而適權者；昔魏世山東蝗，小忍不除，至人相食。後秦有蝗，草木皆盡，牛馬至相噉毛。今飛蝗所在充滿，加復蕃息，且河南河北家無宿藏，一不穫，則流離安危繫之。且討蝗縱不能盡，不愈於養以遺患乎」？帝以然」。宋淳熙並訂捕蝗獎懲條例，其制尤嚴，其如人民惑於迷信何，故俞汝爲曰：『夫宋朝捕蝗之法甚嚴，然蝗蟲初生，最易捕打；往往村落之民，惑于祭拜，不敢打撲，以故遺患，未知姚崇倪若水盧懷慎之辯論也』。蓋不特農民畏蝗，則所謂士大夫階級，亦以爲天災不可抗也。

由上觀之，可知國人對於天災流行之補救方法，惟知獻媚鬼神，欲仗神威以挽浩劫。一旦行之無效，則退而求精神上之安慰，作強自慰藉之解釋；於是所謂樂天，安命，知足，安貧，種種謬說，接踵而生，馴至養成國民屈伏於天然勢力下之劣根性，而致根深蒂固，莫可救藥。實則此種懼怯心理，適見其愚而無補，前途之一線生機，惟努力與天然爭勝而已。

第二節　天災之根本預防法

天災之根本預防策，當以科學方法爲最善，亦惟利用科學方法始能將水旱天災，加以相當之解除。

一、水旱風災之預防法

（1）測候雨量。水之源曰雨，故凡水利事業，當以考察雨量爲先。考察雨量，測候之責任也；吾國古時執政者，留心民事，其補救旱潦，不出以迷信而應用科學方法者，亦代有其人。所謂科學方法者何？卽實測各州縣歷年之雨量，洞悉各種農產水量需要之多寡，然後因地擇宜之農產而種植之，使季候不致失時，旱潦不致常見是也。要而言之，測量雨量，實爲救濟水旱災荒之唯一入手方法，不然，則不能知該地之適於何種農產，遑論其他。而調查雨量，我國自漢以來卽有之，鄭樵通志載：

後漢自立春至立夏盡立秋，郡國上雨澤：若少，郡縣各掃除社稷，公卿官長以次行雩禮。

又顧炎武日知錄謂：

洪武中令天下州長吏月奏雨澤，蓋古者龍見而雩，春秋三書不雨之意也，承平日久，率視爲不急之務。永樂二十二年十月（仁宗卽位）通政司請以四方雨澤章奏類送給事中收貯，上曰：『祖宗所以令天下奏雨澤者，欲前知水旱，以施恤民之政：此良法美意。今州縣雨澤，乃積於通政司上之人何由知？又欲送給事中收貯，是欲上之人終不知也。如此徒勞州縣何爲，自今四方所奏雨澤，至卽封進朕親閱也』。

仁宗所謂『欲前知水旱以施恤民之政』，確爲扼要之言，所以防患於未然，意至善也；以視今之禁屠祈雨，災象已成，而始臨時抱佛腳者，其識見固不可同日而語也。

且我國古時之測雨量，其爲法亦甚精密，其儀器製法，在我國雖已湮沒無聞，而在朝鮮之文獻中，猶可得其梗概，西遊記唐魏徵夢龍王語云：

『明日辰時布雲，巳時發雷，午時下雨，共得水三尺三寸零四十八點……』。

其語雖似神話，但至少可知元明時代我國曾有以尺度量雨之觀念。而我國古代之曾有量雨器，則可以朝鮮之紀錄證之。朝鮮之有量雨器，始於李朝世宗七年，即明仁宗洪熙元年，亦即成祖去世之翌年（一四二五），其制度具見朝鮮文獻備考中，計長有一尺五寸，圓徑七寸。明成祖既極關心於雨量之測度，則當時朝鮮之測雨器必傳自中國無疑，惜其器至今無存者，但已足以確定量雨器為我國所發明，蓋歐美各國至十七世紀中葉，始有是器也。

迨前清康熙時（朝鮮肅宗），復製有測雨器，分頒各郡，高一尺廣八寸，并有雨標以量雨之多少，每於雨後測之，均係黃銅所製。由此可知我國自洪武永樂以來，其測雨之制度儀器，已不無蛛絲馬跡之可尋，若在他國，將以先歐美各國而發明自豪，而在吾國人士則懵然無所知，其父析薪，其子弗克負荷，可勝嘆歟！

現代文明各國，莫不有氣象臺之設立，然設立氣象臺，果足以阻止旱潦之流行歟？曰：是又不然；氣象臺之責任，首在調查各地雨量之多寡，以及歷年來雨量變遷之情形；次則在於說明各年度各地方雨量變遷之原因。知雨量變遷之原因，則雖不能消弭水旱於無形，但亦可防患未然。我國之調查雨量，雖於後漢已見其端，至明初而制度大備，但迄今歐美各國均努力從事於此，獨我國反落人後，我國新式氣象臺之設立，始於光緒五年（一八七九），是年上海遭颱風之災，徐家匯天文臺得上海海關之贊助，至法國購辦氣象儀器，遂創立氣象臺，至今已有五十餘年之歷史。目前國內氣象臺之卓著者，舍上海徐家匯之外，則爲香港皇家殖民地南京北極閣青島北平清華園南通軍山及廣州中山大學。其中惟香港之皇家觀象臺足與徐家匯之觀象臺並爭攸遠，惜均爲外人所辦。國人自辦者，當推南京北極閣中央研究院氣象研究所之氣象臺，規模最爲完備，惟歷史短促，至民國十七年，始有紀錄。此外青島及清華二臺，內容頗爲充實，前途大可發展。各地海關附設有二等測候所四十餘處，最早者始自一八八〇年。又外國在我國境內設立者亦頗不少，如日在東北，俄在外蒙，法在雲南，英在西藏，或由教會主持，或由公使館附辦。近年以來，本國各大學，專校，農場，水利機關及各省市政府地方政府，亦相繼有測候所雨量站蒸發站之設立。統計全國除上述之大氣象臺七處外，有二等測候所約五十，中外辦者各半，三等測候所及雨量站蒸發站約六百，外辦者什一。以數量而論，似已可觀，但以我國幅員之大，由每方里之平均數與歐美日本相比，則相差何啻天壤。中央氣象研究所所長竺可楨博士，曾擬有全國設立氣象測候所計劃書，劃分全國爲十個測候區，每區設氣象臺一，二等測候所十至三十，視幅員之大小，地形之平險，人口之多寡而定分區之辦法。

區名	包括省分	面積方里
東北區	河南河北山東山西熱河察哈爾	三、六二五、二九〇
西北區	陝西甘肅綏遠	二、九〇三、五〇〇
中央區	江蘇浙江湖南湖北安徽江西	三、〇四一、五〇〇
東南區	福建廣東廣西雲南	三、一〇〇、五〇〇
西南區	四川貴州西康	三、一五〇、六〇〇
滿州區	遼寧吉林黑龍江	三、七六七、七〇〇
青海區	青海	二、四〇〇、〇〇〇
西藏區	西藏	二、二〇〇、〇〇〇
新疆區	新疆	五、三六四、八〇〇
蒙古區	蒙古	四、八八六、四三二

氣象臺之功用，不特可以測候氣候之變遷，防旱潦之降臨，又能預告風災之襲擊；如民國十年

八月，颱風自太平洋侵入我國沿海，賴徐家匯觀象臺事先發有報告，使各公司輪船，爲未雨之綢繆，得以有備而無患。

(2)疏治河道　雨旱災荒，固多由於天時，但亦視水利之興廢如何？清初劉獻廷氏有言：「蓋北方爲二帝三王之舊都，二千餘年未聞仰給於東南，則溝洫通而水利修也。自五胡雲擾，以迄金元，千有餘年，人皆草草偸生，不暇遠慮，相習成風，不知水利爲何事。故西北非無水也，有水而不能用也，不爲民利，乃爲民害；旱則赤地千里，潦則漂沒民居，無地可瀦，而無道可行，人固無如水何，水亦無如人何矣。元虞學士始奮然言之，郭太史始毅然修之。未幾，竟廢。三百年來無過而問之者，有聖人出而經理天下，必自西北水利始，水利興而後足食教化可施也」。水災之見於南北各省，則霪雨之外，河流治導之疏忽，實爲其由。蓋農之利水，給水與排水並重，秦豫之土，專恃天雨，故過於枯燥。江淮之地，沮洳不瀉，一遇久霖，泛濫難免。至於濱河之區，則又罹漲漫決口之禍，爲患更甚也。是以氾濫之多寡，繫於水利之興廢，今試舉元代旱潦特多爲證。

據竺可楨博士中國歷代各省水旱災分布表所統計者，黃河流域各省水災，唐代每百年之平均次數，河北爲二・一，山東一・七，山西〇・七，河南四・二，陝西九・一，甘肅〇・三。五代北宋，河北爲六・九，山東五・五，山西二・三，河南一七・八，陝西一・八，甘肅一・八。南宋河北爲三・九，山東〇・七，河南一・三，陝西三・九，甘肅一・三。明代河北一・八，山東二・二，山西七・三，河南二・二，陝西二・二。惟元代各省之旱災特較唐五代北宋南宋及明爲多，則河北二五・三，山東二〇・七，山西四・六，河南三四・四，陝西四・六，甘肅五・七。旱災亦然，如唐代河北每百年數爲二・一，山東三・四，山西四・五，河南四・二，陝西四・五，甘肅〇・四。五代北宋，河北爲九・一，山東三・七，山西二・三，河南二四・二，陝西六・九，甘肅一・四。南宋河北爲九・九，山東六・六，山西五・三，河南五・三，陝西五・三，甘肅〇・七。明代河北爲五・一，山東四・〇，山西一三・八，河南二・九，陝西七・三，甘肅〇・七。惟元則特多，河北達二九・九，山東八・二，山西一九・六，河南二一・九，陝西一二・七，甘肅五・八。所以然者，則劉繼莊所謂由於劉石雲擾，以迄金元，水利廢弛，由以致之也。

反之，如埃及尼羅河有時氾濫，有時旱涸，農人大受其害。近年英國特就河濱低地鑿爲深池，另設鐵閘啟閉，使水漲時有所容受，水涸時有所挹注，以資灌溉。埃及農人大受其惠。又如浙江湖州機坊港，自上年疏濬後，即不受旱災之影響；『吳興縣境機坊港，滙城鄉諸水而入太湖，向爲邑中重要河流，農田灌漑及舟楫往來，莫不利賴，惜以久失疏濬，致河身日見淤淺，地方人士，咸以爲憂。上年幸經吳興耆紳倡議疏濬，故今年雖值亢旱，而機坊港因河身已較深闊，湖水轉而逆流入河，因此附近農田灌漑之資，不虞斷絕』。（見二十三年九月二日申報新聞）是以欲減少旱潦之肆虐，不可不從疏治河道入手。

（3）造林　造林亦爲驅逐天災根本方法之一，其故有二。一爲調和氣候。氣候之變遷，常受溫度溼度及雨量多少之左右，前已言之。據專家實測結果，林內之氣溫，比之林外，晝低夜高，夏涼冬暖。依一年間平均溫度而言，則林內溫度每較林外爲低，其故由於樹冠遮斷日光所致也。林內溫度既低，溼度遂因之增大，苟含有多溼之空氣通過森林地帶時，則溫度必低降，而溼度反以增加。同時，又能阻滯空氣之前進，使溼度達到飽和點而降雨。故森林密茂之區，寒暑乾溼，均受調和，呈局部地方之氣候也。

二爲涵養水分。因森林地帶所受日光之機會較少，空氣之移動緩慢，故水分之蒸發不若林外之急劇。且落葉蘚苔等物之覆蓋地面，涵養水分之能力極大。又林木樹根，深入土中，水分乘隙滲注於巖石間，爲造成水泉之源。是以森林地帶之地勢若愈高，則蒸發愈少，雨量愈豐沛。

三爲防護土地之崩壞。地面之土壤，最易受雨水之沖刷，據專家之調查，謂世界陸地因雨水沖流之故，每百年間減少千尺之高度。由是可知河流海浪之足以沖損堤岸，自在意中。預防之法，惟有造植森林；蓋林木繁盛之地，林根盤結，土砂團密：如楊樹之根，支幹錯綜，植於堤畔岸邊，足以防止堤岸之崩坍。堤岸若完固，則滔天之禍，必能稍受限制也。

(4)電力灌溉　吾國數千年來，灌溉排水，僅恃人畜之力。人畜之力有限，而用器復簡陋，以此而欲挽回水旱之劫運，安能倖免？故改用電力灌溉，亦預防天災之一法也。江蘇武進縣，開吾國試用電力戽水之新紀錄，自經營以來，收效極宏，每畝收穫量達七石餘；若用人力灌溉，僅一石餘耳。況每畝所費電力，不過六角；若純恃人工，則在雨暘時若之年，猶需一元以上。加以牛馬之食料太昂，殊不合算，且不用其勞力之時，並須飼養。是以電力灌溉，大爲有識者所樂用。今除江蘇武進之外，蘇州滸關，福州科貢鄉，亦已相繼採用。如能普遍全國，對於天災之預防，不無稗補也。

此外，若蘇聯澳洲人造雨之試驗，尤爲人類征服旱災之預告。

二、害蟲驅治法　吾國蝗蝻之害自古已然，歷代當局，間亦注意捕治，並訂有奬懲條例，以勉農民。其驅治方法，均採用捕捉與布藥。然捕捉與佈藥區域究不易廣，人來蟲去，人去蟲來，除惡不盡。且害蟲不僅蝗蝻一種，欲求普遍捕治之效，非應用科學方法不爲功，其法有五，試粗述如左：

一曰植物檢查。凡由外境輸入之植物，其有蟲害者，應加以檢查禁止或消毒，而杜其傳染。

二曰農業治蟲法。其目的有二，一在限制害蟲之食料，即注意田畝間雜草之淸除。一爲促進植物之強壯，充分其抵抗害蟲之能力，如輪作是也。即種植一種作物之後，經過相當期間，改種他種作物，且以前後二種作物不受同類之蟲害爲原則。如是，則第一種作物之害蟲到第二種作物時，將因不能得到適合之食料而死滅。又若勤加灌漑，水量充足，亦能浸死一部分之害蟲，此爲浙江南潯試驗而見效者也。

三曰生物學之治蟲法，卽利用天敵以治蟲是也。例如廣東橘園，皆搭有無數竹架，以溝通樹與樹間之交通路，使一種特殊之螞蟻，得以自由通過，以捕橘樹害蟲。

四曰機械治蟲法。有預防及驅除之別；例如以障礙物遮斷害蟲之蔓延，及以厚紙鐵皮製成環形，套於作物周圍，以防害蟲之侵襲是也。驅除之法，有捕殺與誘殺二種，捕殺方法；又有徒手捕殺器具捕殺，用網捕殺數種。誘殺方法最重要者爲利用昆蟲慕光習性，以燈火誘殺之，如誘蛾燈之捕殺是也。

五曰化學的治蟲法。卽以毒藥應用於植物外部，或佈散其附近以毒殺之是也。其中以利用飛機從高撒佈，俾蝗蟲不及閃避，收效尤大。

最近浙江又發明除蝗簡法，浙省西湖北山及松木場一帶，因發現大批蝗蝻，蔓延甚廣，驅除頗爲不易。當局思得一法，商同鴨行，驅鴨食蝗；不及四日，悉數啖盡。其效力之偉大，允非上述各法所能及，誠治蝗之福音也。

三、地震之預防　地震之發生，有傳達之可能；其器械名「地動計」。一地震動，全球之地動計莫不各有感應，誠有牽一髮而動全身之概。惟事前預報之術，則至今尚未聞有研得之者。

地震之爲災，首在房屋倒坍；故（一）土牆最爲危險，雖厚至數尺或丈餘者，亦多毀圮。（二）磚牆亦較木柱爲易倒，往往木製柱樑依然未動，或僅稍見傾斜，而四壁磚牆，則全數塌壞。(三)愈高聳之建築物愈易傾塌。(四)孤立之房屋較之鱗次櫛比者，特易崩倒。(五)山涯水濱之房屋，受災較易；其在重要斷層線上者，尤爲危險。(六)沖積層或其他原質疏鬆之地震害較大。凡此皆震中區域居民之所宜注意也。

以上所舉，均屬天災之根本預防法。此外，若倉儲之設備，荒地之開闢，人口密度之調劑，交通之發展等等，要亦預防之一道也。

第三節　災後賑濟問題

天災之多寡，固由於人力之改造如何以爲衡，但其最要原因，尙在天時。苟天氣亢旱，雖以今日工程知識之發達，亦不能施其技。又若洪水氾濫，亦祇限於一定程度之下以謀補救。故以歐美日本科學之發達，政治之修明，尤難免乎水旱地震之襲擊。是以天災流行時之救濟問題，亦吾人所應研究者也。

吾國近年每遇天災流行之時，地方慈善團體，無不從事於災民之賑濟，如華洋義賑會，其著者也。其賑濟之方式不外下列數種。

賑濟

- （甲）工賑……以工代賑
- （乙）施賑……
  - （一）糧食
  - （二）銀錢
  - （三）衣物
  - （四）醫藥
- （丙）煑粥……糜粥
- （丁）平糶……米糧
- （戊）貸賑……
  - 糧食
  - 種籽
  - 農本
- （己）收容……供給食住

以上六種，工賑施賑，最爲華洋義賑會所採用，且側重工賑，非於萬不得已時，不辦施賑。卽施賑矣，亦限於糧米，不施以金錢，免有欺詐之事發生。蓋施賑之法，既欠經濟，又難普及，甚至養成人民倚賴之劣根性。況施賑之惠，僅及於老弱殘廢婦孺無力之人，置大多數年富力強之壯丁於不顧。故救災之法，莫善於工賑，召集壯丁之被災者，授以工作，計工授食，老弱之父母，無力之婦孺，亦可間接得食。如此辦理，不從事於工作者，無以度日，非眞貧者不能受賑，冒名欺詐之事，既可杜絕；而不良之徒，向以乞丐爲生者，亦不能分潤毫末。蓋慈善事業，必須注重於民生，非徒博一樂善好施之美名已也。凡興水利，拓道路，修堤防，造森林等工作，皆爲公益之舉，既可以預防災祲，又可以恢復田園，造福民生，其利至溥：較之以米糧金錢，分給於貧民，雖得苟延殘喘於一時，終難以爲繼者，不可同日而語矣。

結論

所謂天災，其種類範圍約計有九：卽水，旱，蝗蟲，颱風，霜，雹，地震，海嘯，及火山爆發等。除海嘯，火山爆發而外；其餘七種，中國無不包羅兼備，飽嘗憂患。其災害之程度，遠者姑勿論，僅民國成立以來之二十餘年間，中華民族元氣之損傷於斯者，其數字眞難以估計，此誠五洲各國稀有之現象也！

中國善災之原因，自然環境之影響，固無可諱言；而人爲環境之影響，尤難辭其咎。人爲的禍首，帝國主義者是也。蓋因帝國主義者之深入略奪，竊據疆土，吮吸脂膏，造成循環式之內亂；致使國人缺乏能力以防天變，減少能力以善災後。故中國之防災工作，除運用科學方法以抵抗自然之壓迫以外，尤須努力於取消不平等條約，打倒帝國主義者，然後災荒可減，農村經濟可得而繁榮焉。

本書主要參考資料有下列數種

一 竺可楨：禁屠祈雨與旱災——東方雜誌

一 竺可楨：直隸地理環境與水災——科學

一 竺可楨：中國歷史上氣候之變遷——東方

一 翁文灝：地震——百科小叢書

一 鄒樹文：昆蟲——萬有文庫

此外則有「地質學」「氣象學」「農政全書」「中國民食史」以及報章雜誌等零碎材料不勝枚舉。